本书获"集美大学出版基金"
"集美大学博士科研启动金"
"教育部人文社会科学研究青年基金项目
（批准号：19YJC790015）"资助

旅游理论与实践前沿丛书

旅游安全传播信号对
旅游者安全行为的影响研究

RESEARCH ON THE INFLUENCE OF TOURISM SAFETY
COMMUNICATION SIGNALS ON TOURISTS' SAFETY BEHAVIOR

陈岩英 张凌云 著

中国旅游出版社

责任编辑：郭海燕

责任印制：冯冬青

封面设计：中文天地

图书在版编目（ＣＩＰ）数据

旅游安全传播信号对旅游者安全行为的影响研究 /
陈岩英，张凌云著 . -- 北京：中国旅游出版社，2020.12
　ISBN 978-7-5032-6637-9

　Ⅰ．①旅… Ⅱ．①陈… ②张… Ⅲ．①旅游安全—研究 Ⅳ.
① X959

中国版本图书馆 CIP 数据核字（2020）第 261875 号

书　　　名：旅游安全传播信号对旅游者安全行为的影响研究

作　　　者：陈岩英，张凌云著
出 版 发 行：中国旅游出版社
　　　　　　（北京静安东里6号　邮编：100028）
　　　　　　http://www.cttp.net.cn　E-mail:cttp@mct.gov.cn
　　　　　　营销中心电话：010-57377108，010-57377109
　　　　　　读者服务部电话：010-57377151
排　　　版：北京旅教文化传播有限公司
经　　　销：全国各地新华书店
印　　　刷：北京盛华达印刷科技有限公司
版　　　次：2020年12月第1版　2020年12月第1次印刷
开　　　本：720毫米×970毫米　1/16
印　　　张：13.5
字　　　数：300千
定　　　价：58.00元
ＩＳＢＮ　　978-7-5032-6637-9

内容摘要 ABSTRACT

　　旅游安全传播是政府、企业、利益相关者等主体基于媒体渠道，面向旅游者、从业人员和公众等开展的旅游安全信息传递活动。在传统的研究中，以危机处置和应对为目标的危机传播备受重视。随着旅游安全形势的日益复杂化，旅游行政机构和旅游企业的安全任务越来越复杂。旅游安全传播的任务体系逐渐从传统的危机传播转变为多阶段进程中的多任务结构。但是，旅游安全传播的这种任务需求既未在实践中得到重视，也未在理论研究中得到重视。因此，基于互联网技术和新媒体时代背景、基于我国旅游产业安全发展的需求结构，对旅游安全传播信号对旅游者安全行为的影响机制进行系统分析和实证检验，既有利于丰富旅游安全传播的理论范畴，也有利于丰富旅游者行为响应的理论机制，对于推动旅游安全传播理论的建构和完善具有重要的理论价值。

　　本研究旨在丰富和发展旅游安全传播理论，并对旅游安全传播信号对旅游者安全行为的影响机制进行探索和验证，研究分为理论研究、实证研究和综合研究三个阶段，各阶段研究内容和研究方法包括：（1）在理论研究阶段，研究通过文献分析和理论考察对旅游安全传播、媒体、旅游者安全行为等关键概念进行了归纳分析，并辨析了旅游安全传播的信号机制和任务属性，提出了旅游安全传播与行为响应分析框架。（2）在实证研究阶段，研究分别对非危机情境下旅游安全传播信号对旅游者安全线下行为的影响机制和危机情境下旅游安全传播信号对旅游者线上安全沟通行为的影响机制进行了建模检验。首先，研究以认知行为理论和信号理论作为理论基础，以 2017 年中国政府举办的厦门金砖峰会作为背景事件，基于 SEM 结构方程建模、回归分析等方法,对非危机情境下传播信号对旅游者线下旅游安全行为的影响机制进行了实证检验。其次,研究以 2018 年 7 月泰国沉船事件作为背景事件,以 436 个中文媒体平台的 11 万余条声量信号作为大数据基础,并引入 VAR 模型对危机情境下传播信号对旅游者线上安全沟通行为的影响机制进行了验证分析。(3)在综合研究阶段,研究基于实证研究结论,对基于传播主体、传播情境、传播内容、传播渠道的旅游者安全行为干预策略进行了建构分析。

研究发现:(1)旅游安全传播是一种面向多任务结构的综合性旅游安全传播活动,建构旅游安全传播机制应该以旅游安全传播的情境分析作为起点,并以旅游者的安全行为响应作为结果导向,这是推动旅游安全传播治理成效得以实现的重要基础。立足于这一基本立论和对传统传播模型的改进,本研究提出了由"传播主体(who)—传播情境(situation)—传播性质(nature)—传播任务(task)—传播内容(content)—传播渠道(channel)—感知(perception)—响应(response)"等构成的旅游安全传播分析框架。(2)在非危机情境下,旅游者的安全行为一般包括安全遵守行为和安全参与行为两类基础行为体系。媒体是传播安全保障信息的重要渠道,媒体传播的信号在游客行为影响过程中具有重要作用。在旅游地启用强化型安保的非危机情境下,强化型安保的媒体信号对旅游者的个人体验、安全感知、安全遵守行为和安全参与行为等具有显著的驱动作用,旅游者的个人安保体验在媒体信号的传播中具有重要的参照性作用,它对媒体信号的行为影响力具有差异化的中介影响过程,安全感知也是重要的中介变量。研究还表明,政府对强化型安保的多渠道宣传和安保实践所展示的行为活动均具有显著的信号意义。(3)在旅游危机情景下,线上潜在旅游者的安全沟通行为是互联网时代旅游安全行为的重要拓展维度,它包括了旅游安全信息生产和旅游安全信息分享等安全传播行为。泰国沉船事件的实证分析表明,线上媒体的总体声量信号对潜在旅游者的安全信息生产行为和安全信息分享行为具有显著的动态影响,但线上主流媒体、商业媒体、自媒体等分类媒体的声量信号呈现差异化的动态影响效应。潜在旅游者安全信息生产声量对其安全信息分享声量具有显著的动态影响,其中维度内的方差贡献率大于维度外的方差贡献率。(4)旅游安全传播策略建构应该区分传播主体、传播情境、传播内容和传播渠道。从传播主体来看，面向政府、企业和旅游者的传播导向分别是有序的舆情引导、精准的信息把控和理性的信息生产。从传播情境来看，在非危机情境下，旅游安全传播的重点是安全知识的传播和安全体验的提升；在危机情境下，旅游安全传播的重点是线上安全沟通行为的调控和风险感知的干预。从传播内容来看，应基于任务性质导向细化优化传播内容要素。从传播渠道来看，主流媒体、商业媒体和自媒体都是旅游安全传播的有效渠道，基于影响力的配置策略是提升传播成效的关键。

本研究区分危机情境和非危机情境，对旅游安全传播信号对旅游者线下安全行为和线上安全行为的影响机制进行了整合分析和区别检验。本研究的理论贡献主要包括：（1）研究通过区分旅游安全传播的情境结构探索多分类情境下的旅游安全传播机制，提出了旅游安全传播与行为响应分析框架，为理解和阐述旅游安全传播与旅游者安全行为响应的过程机制提供了认知基础；（2）研究对非危机情境下旅游安全传播信号对旅游者线下旅游安全行为的影响机制进行了实证检验，并对旅游安全传播中媒体信号与环境体验信号的差异化作用机制进行了比较分析，为现场旅游活动中旅游安全传播的作用机制分析提供了理论依据；（3）研究识别了旅游危机情境下潜在旅游者线上安全沟通行为的维度结构，对互联网时代旅游安全行为的表现情境和维度类型进行了拓展，由此形成了包括线下旅游安全行为（旅游安全遵守和旅游安全参与）和线上旅游安全行为（旅游安全信息生产和旅游安全信息分享）的旅游者安全行为分析架构；（4）研究构建了线上参与者安全情感词库，并首次将舆情声量数据作为变量数据进行采集分析，同时采用了基于 VAR 模型的脉冲响应分析法，实现了对旅游危机线上媒体声量信号对潜在旅游者安全沟通行为的动态影响关系的拟合分析和实证检验，并为旅游危机舆情分析引入了新的分析工具和方法。本研究对于旅游产业开展危机和非危机情境下的旅游安全传播工作，科学调控旅游者的安全行为提供了实证案例和理论依据，并提出了针对性的策略体系，是兼具理论性与实践性的重要研究议题。

关键词：旅游安全传播；媒体；旅游者安全行为；信号理论

目录CONTENTS

第一章　导论

一、研究背景与问题提出

（一）研究背景

1. 安全发展是旅游产业的基础需求

旅游安全是旅游产业发展的重要基础，旅游安全对旅游产业的发展质量和旅游者的个体行为有着关键性的影响，管控旅游行业的安全风险水平是中国旅游产业发展中的重大需求。旅游产业是中国经济的战略性支柱产业，中国旅游产业正实现国内旅游、入境旅游和出境旅游三大旅游市场的融合发展。据统计，2019 年我国国内游客达到 60.1 亿人次，国内旅游收入达到 57251 亿元。国内居民出境规模为 16921 万人次，入境游客规模 14531 万人次，实现国际旅游收入 1313 亿美元[1]。总体上，旅游产业已经成为我国国民经济的重要产业，成为提高人民群体生活水平的幸福产业。可以说，旅游作为一种新的生活方式已经深入人心，旅游已经成为广大人民群众美好生活的载体。然而，在高速发展的背后，中国旅游业也饱受安全问题的困扰。2018 年全国共 21611 家旅行社参加旅行社责任保险统保示范项目，统保率为 76.41%，出险案例达到 10326 起[2]。这表明中国旅游行业的实际风险水平应该引起国家与产业的高度重视，旅游产业应将旅游安全治理作为基础性工程予以大力强化。

在国家层面，我国将安全感建设工作列入国家战略工程，提升旅游安全治理水平成为国家的战略任务。2014 年 4 月，习近平总书记提出"总体国家安全观"，指出要构建包括经济安全、社会安全、生态安全、资源安全等在内的国家安全体系[3]。2017 年 10 月，习近平总书记在党的十九大报告中提出要"不断增强人民的获得感、幸福感、安全感"[4]。原国家旅游局的"515战略"提出了"文明、有序、安全、便利、富民强国"五大发展目标。文化和旅游部也高度重视旅游产业的安全发展议题。外交部门的出境旅游安全预警越来越常态化，对中国出境游客的领事保护机制也日益成熟。在2016年新西兰地震事件、2018年印尼火山爆发事件、2018年马达加斯加骚乱事件等事件中，中国政府积极组织撤离中国游客，体现了国家层面对中国游客的安全关注与保障。可见，提升旅游产业的安全治理水平、建设平安稳定的旅游环境，既是国家总体安全战略下的具体任务需求，也是我国旅游产业发展中的重大实践需求。

2. 旅游安全传播是预防性安全治理的关键内容

旅游安全传播是指涉及旅游安全的信息传播活动。我国《旅游法》明确规定国家建立旅游目的地安全风险提示制度，《突发事件应对法》也明确规定国家建立健全突发事件的预警制度。旅游安全预警有助于化解旅游风险，增强旅游者的判断力，减少旅游安全事故的发生，推动旅游业的健康发展。我国刚进入全民旅游的新时代，大部分的旅游者并不成熟，他们往往忽视旅游过程中的安全问题，甚至对部分安全保障制度不理解、不支持、不遵守。安全传播已经成为旅游安全预警的有效工作方式，大规模的旅游安全传播工作则能增加广大受众的安全知识和安全意识，并引导他们的旅游安全行为，从而降低我国旅游安全治理的成本。从需求来看，旅游安全传播的对象包括了一般公众、旅游者、旅游从业人员等广泛的社会群体，因此需要依靠政府、旅游企业、第三方机构等组织来共同实施旅游安全传播工作。在国际峰会等重大会议节事情境、疾病疫情暴发等旅游危机事件情境下，旅游安全传播工作正逐步受到政府和公众的关注。但是，在总体上，旅游安全传播并未作为专门的工作内容进入政府和企业机构的日常工作体系，会议节事与危机情境下的安全传播也尚未形成体系化的机制结构。旅游安全传播作为旅游产业安全运营导向下的工作体系应该全面嵌入旅游产业的运作过程，并建立体系化、机制化、科学化的运作方式，这应成为旅游产业的基础任务予以建构和推进。

从媒体演进来看，大众媒体已成为旅游安全传播的重要渠道。媒体是公众获取信息的主要来源，但不同类型媒体所扮演的信息传输角色和作用机制具有差异性。大众媒体主要包括电视、广播、报纸、杂志、海报等传统媒体以及社交媒体，自媒体、数字电视等数字化的新兴媒体。传统媒体和新媒体的性质结构及其信息传递形式具有差异性。传统媒体的传播速度较慢，需要一定的周期。但新兴媒体的传播速度极快，表现出由单点到多点、病毒式发展、成本较低、时效性较强等典型特征。可以说，互联网时代新兴媒体的传播效率更高、传播信息更容易被复制转发、传播的自由性也更大。但是，新媒体传播也存在自身的局限和问题，如容易出现传播的不公正，各类安全信息在线上与线下的交互传导，有些信息会误导受众、引发线上舆情的发酵性传播，从而给监管主体带来巨大的压力和挑战。可见，在互联网和新媒体技术高速发展的背景下，旅游安全传播面临着互联网环境和实体环境的双重冲击与交互传导，重新审视旅游安全传播的权力格局、对象特点、源头、通道、机制，深入研究旅游安全传播的信号体系与机制，并测试旅游者对不同信号体系的安全行为响应具有重要的实践指导意义。

（二）研究问题

旅游安全传播是政府、企业、利益相关者等主体基于媒体渠道，面向旅游者、从业人员和公众等开展的旅游安全信息传递活动。在传统的研究中，以危机处置和应对为目标的危机传播备受重视。众多研究发现，旅游危机事件是影响旅游地发展的重要因素，严重的旅游危机事件会极大地破坏旅游地的安全形象、损坏旅游地的客源结构。以危机处置与恢复为目标导向的危机沟通因此受到重视。研究表明，危机后的媒体传播对旅游地会产生复杂的影响，对旅游者的旅游消费和行为决策也会产生诱导作用[5]。媒体对特定灾难和危机的负面报道或者错误报道可能导致旅游地和旅游企业的收入损失[6]，并可能给旅游地和旅游企业带来毁灭性的结果，而媒体的正面报道和宣传能够有效促进旅游地和旅游企业的发展。对此，大量的研究基于危机风险情境，对电视、广播、报纸、社交媒体等分类媒体的传播作用及其产生的影响进行了分析和探索[7, 8]。其中，新兴媒体在危机传播和舆情处置中的作用机制日益得到学界的重视。

随着旅游安全形势的日益复杂化,旅游行政机构和旅游企业的安全任务越来越复杂。旅游安全传播的任务体系逐渐从传统的危机传播转变为多阶段进程中的多任务结构。例如,旅游地和旅游企业既要开展日常的预防性传播,也要开展危机事发的预测性传播,还要做好危机事后的处置性传播,并需要面向特定的安全工作开展功能性安全传播[9]。换言之,旅游安全传播已经不只是纯粹的危机传播,它已经逐步演变为面向多任务结构的综合性旅游安全传播活动。相比之下,传统的危机传播只是旅游安全传播任务范畴的构成部分,常态情境、会议节事情境等非危机情境下的旅游安全传播在避免安全事故与危机、发挥旅游安全预防上具有重要意义。由于常态情境、会议节事情境等非危机情境更为普遍,旅游地也更需要通过常态化的旅游安全传播来营造旅游安全环境、塑造文明安全的旅游方式,因此常规的旅游安全传播显得更为重要。但是,旅游安全传播的这种任务需求既未在实践中得到重视,也未在理论研究中得到重视。

从既有的文献来看,旅游安全传播是一个尚未被系统探索和专题研究的重要领域,学界对旅游安全传播的主体、情境、内容、过程和信号机制等并没有形成系统的理论认知,旅游安全传播与旅游者行为响应的结合研究也处于起步阶段。因此,对旅游安全传播进行系统的理论研究,厘清旅游安全传播的关键内容,探索和检验旅游安全传播信号的作用机制,对于建构起旅游安全传播理论,推动旅游安全传播的实践发展具有重要的理论价值和实践意义。

二、研究目的与研究意义

厘清互联网时代旅游安全传播信号对旅游者安全行为的影响机制,是学界和业界共同关注的重要议题,它是揭示旅游安全传播信号机制、分析游客行为响应方式的关键命题,对于旅游地科学调控旅游安全传播、有效降低旅游地安全治理成本、有序引导旅游者的安全行为等具有重要的理论价值,对于促进旅游业的安全健康发展也具有重要意义。

（一）研究目的

从理论层面而言，本研究旨在建立旅游安全传播与行为响应分析框架，并揭示媒体信号对旅游者线上—线下安全行为的影响机制。主要包括：将传播学理论引入旅游安全研究，阐述旅游安全传播的信号建构体系（传播主体、传播情境、传播内容），并提出由"传播主体（who）—传播情境（situation）—传播性质（nature）—传播任务（task）—传播内容（content）—传播渠道（channel）—感知（perception）—响应（response）"等构成的旅游安全传播与行为响应分析框架；区分线下旅游安全行为和线上旅游安全行为，揭示和验证旅游安全传播中媒体信号与旅游者安全行为的响应机制，为旅游安全行为研究提供传播学的理论视角。

从应用层面而言，本研究旨在面向旅游者的安全行为诱导、提出旅游安全媒体传播的策略体系。主要包括：明确旅游安全传播中媒体信号的调控架构和调控方向，构建基于传播主体、传播情境、传播内容、传播渠道等的综合性调控机制与策略体系；针对线下旅游者（现场旅游者）和线上旅游者（潜在旅游者），提出旅游安全行为引导调控的机制与措施；针对互联网线上—线下交互的舆情环境，提出旅游安全传播中旅游安全信息生产和旅游安全信息分享行为的调控措施。

（二）研究意义

1. 理论意义

（1）针对旅游安全传播进行专题研究，探索旅游安全传播行为影响的内容框架和传导机制，为旅游安全传播研究提供基本的理论分析框架。本研究将基于旅游安全学和传播学的基本原理，对旅游安全传播的内涵、任务体系、信号体系、渠道机制、行为响应机制等进行系统分析，并基于新媒体时代的技术背景与社会环境对旅游安全传播的交互环境、权力格局、通道机制等进行重新审视，提出旅游安全传播信号对旅游者安全行为的过程影响框架，为旅游安全传播理论的建构提供基础和文献依据。

（2）区分旅游安全传播的情境结构，拓展旅游安全传播研究的情境领域，揭示多分类旅游安全传播情境下的传播机制。本研究将区分旅游安全传播的情境结构，探索危机事件情境、非危机事件情境等分类情境下的旅游安全传播机制，丰富旅游安全传播的研究方向和应用范畴，为旅游安全传播的精准调控提供理论依据。

（3）探索旅游安全传播信号对旅游者安全行为的影响机制，揭示线上—线下旅游者安全行为的差异结构，为旅游舆情发生过程的解构提供新的分析视角。本研究将对旅游安全传播的情境—信号—行为影响的过程机制进行整体研究，并将区分旅游者线上安全行为和线下安全行为，对分类情境下旅游者安全行为的传播影响机制进行具体研究，并将分析线上旅游安全信息生产、分享等行为体系的发生过程，以厘清旅游安全传播信号对旅游者行为的影响机制，为旅游安全传播作用机制分析、舆情和行为体系的调控策略建构提供理论依据。

（4）分析旅游安全传播的基础理论，为旅游安全传播研究提供基础理论支撑。本研究将探索认知行为理论、信号理论等基础理论在旅游安全传播研究中的应用方向，并基于上述理论分析旅游安全传播的过程机制和行为效应，为旅游安全传播研究提供多学科基础理论和依据。

2. 实践意义

（1）为旅游产业的安全发展提供传播支撑。旅游安全是旅游产业发展的重要基础，强化旅游安全治理和优化旅游地安全形象对于提升旅游地的吸引力和竞争力具有重要作用，这既是我国"总体国家安全观"的战略要求，也是推动旅游业实现优质内涵式发展的基本前提。但近年来，重大安全事件的爆发在全球范围内越来越常态化，2015—2017 年欧洲系列恐袭事件、2015 年泰国曼谷四面佛爆炸事件、2016 年韩国的 MERS 疫情、2017 年美国拉斯维加斯枪击事件、2018 年 7 月泰国普吉岛沉船事件等，对包括中国在内的国际旅游市场造成了冲击。受环境因素、产业因素、旅游者因素等因素的影响，中国国内的旅游安全事件也频繁出现。2014 年上海外滩踩踏事件、2015 年东方之星沉船事件、2017 年九寨沟地震等，都造成了区域旅游市场的波动。随着互联网时代新媒体技术的高速发展，旅游安全传播也面临着全新的挑战。值得关注的是，全球各类旅游安全事件的频发往往伴随着事件信息的发酵性传播，导致安全事件的持续升温，严重影响旅游产业的运作与发展，它冲击旅游者行为体系并影响旅游市场的繁荣与稳定。因此，系统地识别旅游安全传播的范畴、过程、机制，有效管控旅游安全传播行为，对于推动旅游产业的安全发展具有重要作用。

（2）为旅游地旅游安全传播调控提供智力支持。移动互联网时代的舆情受众和传播者具有快速的线上—线下身份转换关系，这对于安全事件在链式传播中形成的快速渗透作用和形象摧毁作用具有综合影响，揭示这种理论机制对于旅游地有效地介入和调控旅游安全事件舆情、并有效地维护或恢复旅游地形象具有重要意义。在实践中，旅游地既要面对自然灾害风险，也要面对因设施、人员和管理等因素诱发的事故灾难，同时还面临着疾病疫情风险和各类社会安全风险。因此，基于综合视角正确认知我国当前旅游安全传播的结构及其特征因素，强化旅游安全传播的工作体系，以此为基础建构旅游地预防性安全治理的传播框架，有利于及时发现旅游地发展中的突发风险和舆情焦点，有利于降低旅游地的安全成本和形象损失，也有利于实现旅游地发展质量和管理水平的提升，这对旅游地践行"供给侧"改革战略也具有积极的助推作用，对我国全面推动优质旅游发展具有较强的时代意义。

（3）为旅游者安全行为的调控管理提供策略支持。大众旅游时代的部分旅游者尚不成熟，他们往往忽视旅游安全问题和旅游安全信息。因此，探索旅游者对旅游安全传播信号的行为影响机制，能够有效地引导旅游者的安全行为，推进旅游产业的健康发展。旅游安全传播是涉及旅游安全的信息的传播，可以划分为危机事件情境与非危机事件情境、线上情境与线下情境等不同分类情境的旅游安全传播。很多旅游者对旅游安全的认知并不清晰，他们常常抱怨重大会议节事的安全措施过于烦琐，甚至认为城市的常态安全保障是多余的。事实上，无论是常态、重大会议节事还是危机事件情境的旅游安全传播都是预防性安全治理的关键，它是旅游者获得优质服务和体验的基础保障。因此，加强旅游安全传播的研究、建构科学有效的旅游安全传播机制，面向旅游者安全行为的诱导、规范、约束等提供系统的策略方案，对于旅者人身财产安全的保障具有重大的意义。

三、研究内容

本研究旨在将传播学理论引入旅游安全研究，研究将提出旅游安全传播与行为响应分析框架，并区分线下—线上两种行为环境，对旅游安全行为响应机制进行实证检验和策略建构，以推动旅游安全传播理论的建构和发展。本研究主要包括理论分析阶段、实证分析阶段和综合研究阶段三个主要研究过程。

在理论分析阶段，研究通过文献分析和理论考察对旅游安全传播、媒体、旅游者安全行为等关键概念进行了归纳分析；并基于传播学理论、立足于旅游安全治理的情境结构和互联网时代的旅游安全传播特征，辨析了旅游安全传播的信号机制和任务属性，提出和建构了由"传播主体（who）—传播情境（situation）—传播性质（nature）—传播任务（task）—传播内容（content）—传播渠道（channel）—感知（perception）—响应（response）"等构成的旅游安全传播分析框架，为整体研究工作的开展提供了理论基础。

在实证分析阶段，研究分别对非危机情境下旅游安全传播信号对旅游者安全线下行为的影响机制和危机情境下旅游安全传播信号对旅游者线上安全沟通行为的影响机制进行了建模检验。首先，研究以认知行为理论和信号理论作为理论基础，以2017年中国政府举办的厦门金砖峰会作为背景事件，基于SEM结构方程建模、回归分析等方法，对非危机情境下传播信号对旅游者线下旅游安全行为的影响机制进行了实证检验。研究内容包括：①建立问卷量表，将2017年中国厦门金砖峰会作为旅游安全传播的重大会议节事情境进行问卷调查，获取案例实证分析数据；②对旅游安全媒体传播信号的行为影响机制"旅游安全传播—媒体信号—个人体验—安全感知—安全行为"进行整体实证检验；③在不考虑个人体验变量维度的情况下，对旅游安全媒体传播信号的行为影响机制"旅游安全传播—媒体信号—安全感知—安全行为"进行实证检验；④在不考虑媒体信号变量维度的情况下，对旅游安全媒体传播信号的行为影响机制"旅游安全传播—个人体验—安全感知—安全行为"进行实证检验；⑤检验整体模型，对分类路径进行比较分析。

其次，研究以 2018 年 7 月泰国沉船事件作为背景事件，以 436 个中文媒体平台的 11 万余条声量信号作为大数据基础，并引入 VAR 模型对危机情境下传播信号对旅游者线上安全沟通行为的影响机制进行了验证分析。研究内容包括：①研究以泰国沉船事件作为案例对象和旅游安全传播的危机事件情境，通过沉船事件舆情声量数据的监测和采集来获取研究数据，并基于 VAR 模型的脉冲响应分析等方法进行实证检验；②依据旅游安全媒体传播与旅游者行为响应的理论模型，对主流媒体信号、商业媒体信号、自媒体信号、旅游风险感知、旅游安全信息生产、旅游安全信息分享等变量间的关系进行分析和检验；③将主流媒体信号、商业媒体信号、自媒体信号对旅游者线上安全沟通行为的影响机制进行比较分析和整体检验分析，形成实证检验结果。

在综合研究阶段，研究基于实证研究结论，对基于传播主体、传播情境、传播内容、传播渠道的旅游者安全行为干预策略进行了建构分析。研究内容包括：①基于传播主体的策略建构，针对旅游地政府、旅游企业、旅游者等不同主体提出策略建议；②基于传播情境的策略建构，区分危机情境和非危机情境进行策略建构；③基于传播内容的策略建构，应基于任务性质导向细化优化传播内容要素，提高旅游安全传播效果；④基于传播渠道的策略建构，针对主流媒体渠道、商业媒体渠道、自媒体渠道等不同传播渠道提出策略建议。

四、研究重点与预期创新

（一）研究重点

旅游安全传播是一个尚未被系统研究的领域，认识和分析旅游安全传播系统、厘清旅游安全传播的作用机制是旅游安全传播研究的重要任务。本研究以新媒体技术时代的旅游安全传播作为研究对象，以旅游安全传播与行为响应分析框架作为研究基础，以旅游安全传播信号对旅游者安全行为的影响机制作为研究核心，以安全行为导向的旅游安全传播策略建构作为应用方向。通过对上述研究任务的完成，本研究试图为旅游安全传播理论的建构和发展提供基础。

在理论结构上，建构旅游安全传播与行为响应分析框架是旅游安全传播理论建构的基础，也是本课题开展的重要前提。旅游安全行为响应机制的实证分析是验证理论分析框架、认知旅游安全传播作用成效的关键。其中，旅游安全传播中线上旅游安全行为的响应涉及大数据的采集、机器语义识别等工具方法，研究过程需要对规模性数据进行甄别和分析，工作量较大，因此是本研究的难点和重点。

（二）预期创新

第一，建立旅游安全传播与行为响应分析框架。传统的传播理论主要从信息源、传播者、受传者、讯息、媒介和反馈等角度来认识传播过程。这种传播分析框架没有区分传播的情境结构，且缺乏对情境导向下的传播内容生产机制的具体论述。本研究将基于认知行为理论和信号理论，以旅游安全传播的情境分析作为基础，建构出融合传播主体、传播情境、传播内容的旅游安全传播信号建构体系，并以此为基础提出旅游安全传播与行为响应分析框架，即"传播主体（who）—传播情境（situation）—传播性质（nature）—传播任务（task）—传播内容（content）—传播渠道（channel）—感知（perception）—响应（response）"构成的整合分析框架。研究将在科学认识旅游安全传播信号的基础上，系统分析旅游安全传播的渠道机制、信号机制和响应机制。旅游安全传播分析框架的建立将为旅游安全媒体传播信号和旅游者安全行为响应的科学认知打下理论基础，也将为安全行为响应机制的实证研究奠定科学依据，这是本研究的预期创新。

第二，厘清线上—线下旅游安全行为的结构维度以及交互行为响应机制。传统的安全行为研究主要表现在对企业员工生产服务过程中安全行为的研究，以消费者和旅游者为主体对象的安全行为研究较为少见。本研究将以旅游者作为行为主体研究对象，对现场旅游者的线下安全行为和潜在旅游者的线上安全沟通行为两种行为体系分别进行识别和验证。其中，线下安全行为将以 Neal and Griffin 提出的安全遵守行为和安全参与行为作为主要分析维度[10, 11]，线上安全沟通行为则以安全信息生产[12]和安全信息分享[13]等作为主要分析维度。这将拓展旅游安全行为研究的传统范畴，并将拓展出旅游者线上安全沟通行为的表现结构，从而建立起融合线下安全行为和线上安全沟通行为等完整的旅游安全行为分析体系。这对于全面理解旅游者旅游安全行为的表现结构具有重要的理论意义，这是本研究的预期创新。

第三，揭示并验证旅游安全传播信号对旅游者安全行为的影响机制。本研究的核心问题是揭示旅游安全传播信号对旅游者安全行为的影响机制，这是旅游产业开展预防性安全治理和安全行为调控的理论基础。在旅游安全传播情境下，现场旅游者的实体安全行为响应和潜在旅游者的线上安全沟通行为响应具有不同的发生场景、行为结构和发生机制。越来越多的研究表明，旅游者处在线下实体环境和线上信息环境的双重影响之下，而旅游者的线下实体行为和线上信息沟通行为也呈现交互影响导向。对这种复杂的行为影响机制进行探索和检验，有助于厘清旅游安全传播信号的作用机制和成效。本研究将在旅游安全传播与行为响应分析框架的基础上，对旅游安全传播信号与旅游者线上—线下安全行为响应的主效应、中介效应分别进行实证检验，从而系统揭示旅游者对旅游安全媒体传播信号的行为响应机制，这是本研究的预期创新。

五、研究方法与逻辑框架

（一）研究方法

本研究遵循社会科学的实证主义研究范式，研究过程综合使用了管理学、认知行为学、传播学、旅游学等交叉学科和跨学科研究方法，并使用了认知行为理论、信号理论、媒体议程设置理论、媒体框架理论等基础理论。研究过程总体上按照理论研究、实证研究、综合研究的研究思路，并遵循理论分析、研究假设与发展、研究设计、数据采集与分析、研究结果与讨论等实证主义范式进行关键科学问题的建构和验证。研究过程使用了 SPSS、PROCESS、AMOSS、EVIEW 等研究工具，综合使用了文献分析、归纳分析、结构方程建模、回归分析、机器语义识别、内容分析、VAR 模型等研究方法。本研究的主要研究方法包括：

（1）文献分析法。旅游安全传播是一个较新的理论体系，传播学、旅游安全学、认知行为学等是本研究领域的主要理论基础。为此，本研究基于文献研究方法，对传播学、旅游安全学、认知行为学等相关的理论文献进行了系统的梳理，并对旅游安全、旅游安全传播、媒体、旅游者安全行为等关键概念进行了述评分析。通过对文献材料的梳理和比较分析，为本课题的开展提供了初步的理论基础。

（2）归纳分析法。旅游安全传播与行为响应分析框架的建构是本研究的重要任务。由于既有的研究对此论述较少，因此本研究基于文献基础和案例材料，对旅游安全传播主体、传播情境、传播内容、传播渠道、传播模式、安全行为响应等相关内容进行了分类、归纳分析和系统总结，并以此为基础提出了旅游安全传播与行为响应分析框架。

（3）数据采集方法。本研究综合采用了问卷调查法和线上评论数据监测采集法等方法。为验证旅游安全传播信号对旅游者线下安全行为的影响机制，本研究以 2017 年中国政府举办的厦门金砖峰会作为非危机情境的案例研究对象，并基于问卷调查法进行游客感知数据的采集工作。问卷调查完成后，研究人员对问卷数据进行了校验、剔除无效问卷、建立问卷数据库。

为验证旅游安全传播信号对旅游者安全线上行为的影响机制，本研究以 2018 年 7 月 5 日泰国沉船事件作为危机情境的案例研究对象，并基于舆情监测系统对线上评论数据进行监测和采集，并建立沉船事件线上评论信息数据库。数据的采集和处理过程主要包括：对采集的数据进行解析、清洗和去重；通过机器语义识别程序对采集的数据进行内容分析和情感评价；对主流媒体信号、商业媒体信号、自媒体信号、风险感知、旅游安全信息生产、旅游安全信息分享等变量进行关键词设定，并根据关键词对原始信息数据打上变量标签，而后对变量数据进行整理和校正；以小时为单位进行计数以表示在该时段的舆情声量，最终形成相关变量的时间序列数据。

（4）数量统计方法。本研究综合采用了结构方程建模、因子分析、回归分析等数量统计方法进行问卷数据的统计分析。研究对问卷数据进行了信效度分析，通过结构方程建模进行验证性因子分析。由于媒体信号、个人体验、安全感知、旅游安全遵守、旅游安全参与等变量之间存在复杂的多重中介效应，因此研究采用了 Process 程序进行回归分析和多重中介效应检验。

本研究引入了时间序列分析方法对舆情声量数据进行拟合分析。研究拟在 Sims（1980）提出的向量自回归模型[14]（Vector auto-regression，VAR）的基础上通过脉冲响应函数（Impulse response function，IRF）和方差分解（Variance decomposition）分析旅游安全传播信号对旅游者安全行为的影响关系和影响结构。VAR 模型可以预测时间序列随机扰动对变量系统的动态影响，与本研究的舆情声量数据的动态特征较为吻合。脉冲响应函数可以测量一个内生变量对误差冲击的反应，揭示多个时间段内变量相互作用的动态变化[15]；方差分解则是分析每个冲击对内生变量变化的贡献度从而评价其相对重要程度[16]。研究通过（Augmented Dickey-Fuller）ADF 检验（即单位根检验）、协整关系检验和 Granger 因果关系检验来确定旅游安全媒体传播信号与旅游者行为的因果关系和影响作用；再通过脉冲响应函数和方差分解来分析旅游安全传播信号对旅游者安全行为的影响程度，从而完成旅游者线上安全沟通行为响应的实证研究。

（二）研究框架

本研究以旅游安全传播的理论分析架构与行为响应机制作为主要研究对象。研究主要分为理论研究、实证研究和综合研究三个阶段，并按照"背景导入→文献述评→理论建构→线下机制实证→线上机制实证→传播策略建构→研究结论讨论"的基础逻辑展开研究，以推动形成旅游安全传播的基础与应用理论体系。本研究的逻辑框架如图 1.1 所示。

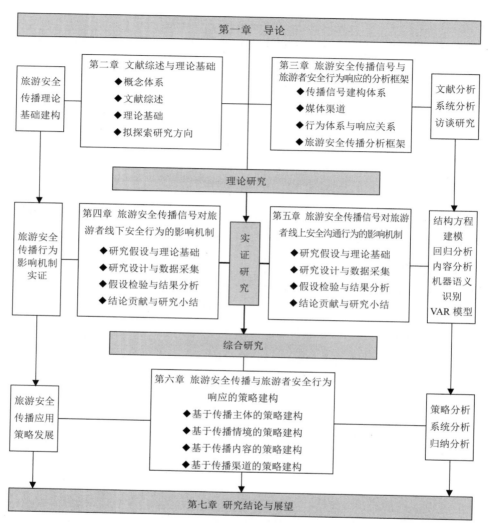

图 1.1　本研究的逻辑框架

第二章　文献综述与理论基础

一、概念体系

（一）旅游安全

《辞海》对安全的界定是没有危险、不受威胁、不出事故[17]。国家标准《职业健康安全管理体系》（GB/T 28001—2001）将安全定义为"免除了不可接受的损害风险的状态"。从性质来看，安全可区分为传统安全与非传统安全，传统安全主要是指军事安全，非传统安全主要是指与人民和国家生存发展关联紧密的环境安全、传染性疾病、自然灾害等非军事安全[18]。两者具有形式上的差异，它们从不同领域或在不同角度反映出由人群组成的社会存在的状况[19]。在两次世界大战和冷战后，国家内部冲突的影响、环境的恶化、人口的变化以及迅速发展的网络战等都已经取代国家间的战争成为 21 世纪国家安全的主要威胁[20]。但是，由于国情不同，世界各国对传统和非传统安全的看法和优先性的确定具有差异。在中国现阶段的国情下，防恐、应对心理战、信息黑客战、严重传染性疾病、环境安全、经济安全、信息安全等都是中国近期面临的非传统安全威胁。

旅游安全是旅游产业发展的重要基础，旅游安全对旅游产业的发展质量有着关键性的影响。基于不同的研究视角，旅游安全可以从旅游活动主体、产业运行环节、风险伤害结果等不同方面进行类型区分。根据旅游活动的发生主体，旅游安全可以区分为旅游者安全、旅游企业安全、旅游资源安全和旅游产业安全；根据旅游业运行的活动环节，旅游安全贯穿于旅游活动的食、住、行、游、购、娱六大环节，可以区分为旅游饮食安全、旅游住宿安全、旅游交通安全、观光游览安全、旅游购物安全、旅游娱乐安全；根据旅游风险的伤害结果，旅游安全可区分为人身安全、财产安全、心理安全、名誉安全、隐私安全、形象安全、行为安全等[21, 22]。从影响来源看，传统安全因素和非传统安全因素都会影响旅游安全。区域战争等传统安全问题对旅游业的安全发展会形成致命的打击，长久和持续地影响旅游产业的安全基础。进入 21 世纪以来，恐怖袭击、疾病疫情、社会冲突、政治动荡等非传统安全事件的爆发频率越来越高，对旅游安全和旅游业造成的影响也越来越大。减少非传统安全事件，成为旅游业繁荣发展的安全基础。根据安全系统理论，旅游安全的影响因素可以区分为环境风险因素、设备风险因素、人员风险因素、管理风险因素，它们通过具体的致因链条影响旅游活动的安全性和稳定状态。

从管理导向的业务范畴来看，旅游安全是一个包括预防管理、风险监测、应急救援、恢复重建等系统任务的工作体系，它包括旅游风险识别、风险分析、风险警示、风险消除等风险防控任务和安全教育、安全文化建设、安全行为引导、安全标准制定等日常保障管理等事前状态的工作任务，包括安全风险监测与信息披露等事发状态的工作任务，包括应急响应、紧急处置、生命救援等事中状态的工作任务，包括业务恢复、形象恢复、市场振兴等事后状态的工作任务。当前时代，旅游活动越来越复杂化，旅游行为的地理范畴越来越广泛，旅游者所面对的安全风险因此更加广泛而复杂，由此导致旅游安全管理的业务范畴和工作任务不断变革、延伸和加大。

风险是安全的对立面。在以经济学为前沿的现代主义研究中，风险被看作是真实的、客观的和已知结果的概率[23]。在风险概念的界定中，比较有影响力的界定，是对风险与不确定性进行了区分，并提出风险是已知的不确定性[24]。在旅游业发展的过程中，风险被视为一种潜在的威胁，是需要进行规避的，它会影响旅游者的个人体验，甚至威胁到旅游者的生命安全。也有学者认为，不能狭义地将旅游风险视为个人、企业或目的地要避免的负面结果。从本质而言，风险和不确定性是与旅游业所有活动环节所固有的知识限制有关，考虑到旅游业的行业特殊性以及知识的局限性，所有旅游活动的风险应主要包括系统性风险和非系统性风险，即内部风险和外部风险[25]。旅游者在熟悉的环境中能够感受到更多的安全，但新奇、陌生的环境可能会给旅游者带来更大的风险。既有的研究表明，健康、政治不稳定、恐怖主义、奇怪的食物、文化障碍、国家的政治和宗教教条以及犯罪是主要的风险来源因素[26]。而政府、旅游企业、媒体都会定期发布旅游风险的预警，对旅游者提供安全信息和保障服务。

可见，旅游安全是与旅游风险相对的综合性概念，它是旅游活动可以容忍的风险程度，是对旅游活动和旅游产业处于平衡、稳定、自然状态的统称。旅游安全不仅仅包括旅游者的安全，还应包括旅游从业人员、旅游企业、旅游资源的安全以及旅游产业的整体安全[27]，它的内涵具有具体的指向性。对旅游者而言，旅游安全是指旅游者在旅游过程中不受到威胁、伤害和损失的一种完整状态或者旅游者能够接受并容忍一定风险的自然状态。由于个体经验和知识的差异性，旅游者对旅游安全的判断具有一定的主观性。旅游者个体可能会受到媒体传播的影响而产生情绪的波动，由此导致个体对安全判断的变化。因此，旅游者对旅游目的地的安全感知，不仅仅受到旅游者个人体验的影响，还受到媒体宣传与报道的影响。而旅游者的安全感知、媒体报道都会对旅游者的安全行为产生影响。

（二）旅游安全传播

传播学中对传播的定义源于 1945 年 11 月 16 日，在伦敦发表的联合国教科文组织（UNESCO）宪章提到的 "mass communication" 一词，后被翻译为"大众传播"。目前，关于传播的定义已达百种以上，在传播学的一般理论中，国外学者从不同的研究视角对传播做出了界定，有共享说、互动关系说、符号说、影响反应说等。有学者从信息的理解角度，将传播定义为传授信息的过程或者行为[28]；也有学者从意义构建的视角，认为传播是传播者和受众在特定的情境中进行能动性的构建[29]。传播学的奠基人施拉姆在分析人类传播行为本质时，指出最好将人类的传播信息流 / 信息看作是一种催化剂[30]，施拉姆也提出了传播的三要素：信源、信息和信宿。一般认为，传播的构成要素主要包括信源、信宿、信息、媒介、信道、反馈等基本要素以及时空环境、信息质量和文化背景等隐含要素。

早期的传播模式都是以线性传播为基本特征的，最有代表性的是 1948 年美国政治学家 H.D. 拉斯韦尔提出的 5W 模式[31]，被称为拉斯韦尔公式，即由传播者（who）、传播内容（says what）、传播渠道（in which channel）、传播对象（to whom）和传播效果（with what effect）五个环节和要素构成，它被视为传播学的基本模式，它强调传播过程和传播结构，成为研究传播的核心框架。而 20 世纪 50 年代后期由美国社会学家 M.L. 德弗勒提出的德弗勒模式[32]，被称为大众传播双循环模式，该模式突出双向性，并提出传播过程中的噪声要素，它被视为大众传播过程的一个比较完整的模式。

本研究认为旅游安全传播是政府、企业、利益相关者等主体基于媒体渠道、面向旅游者开展的旅游安全信息传递活动，一般服务于旅游安全形象宣传、行为引导、危机处置、市场恢复等任务目标。旅游安全传播具有一般传播的信息共享、双向互动等特点，还具备旅游者个体的心理、文化等特征。在互联网时代，旅游安全传播还具有线上—线下的交互与传导的特点，线上旅游安全传播速度较快，转发也容易，呈病毒式发展；广大旅游者也可以成为自媒体的传播者，甚至成为概念的倡议者或者意见领袖等，这在一定程度上挑战了官方新闻的话语权。此外，旅游安全传播的主体、目的、性质等传播要素取决于特定的情境结构，并需要借助多元化的媒体渠道和传播方式，以实现旅游安全传播效率的最大化。应该看到，旅游安全传播的任务建构和传播过程往往取决于传播情境的设定，在危机情境、常态情境、会议节事情境等不同情境下，旅游安全传播具有完全不同的任务机制和行为诱导方向。这种特性在传统的传播模式中并没有得到阐述。

（三）媒体

1. 媒体的内涵

"媒体"一般是指大众传播媒介的集合体，即某一种而非某一个大众媒介。"媒体"与"媒介"虽是关联概念，但事实上是存在差异的。一般而言，"媒介"是使双方（人或事物）发生关系的各种中介，在传播领域中，是指传播内容，或者说信息（广义上的）的物质载体[33]。媒介通常包括实物、声波、光波、大众传播以及人际、群体、组织传播等媒介。简单地说，一张报纸是单个的传播媒介，但从媒体角度来表述，即为报纸媒体，当然这也有约定俗成的成分。在新媒体时代，"媒体"已经不仅仅是大众传播媒介的集合体，新媒体与非大众媒介也进行了融合发展，形成了网络媒体、手机媒体等。信息化时代，媒体还具备信息功能、教育功能、动员功能以及监督功能等多种功能[34]，媒体传播对大众的人生观、价值观、世界观起到重大的影响作用。

2. 媒体的分类视角

从既有的文献来看，学界对媒体的分类及其称呼取决于研究的视角及其参照物。例如，Taylor 和 Perry（2007）[35]、严三九（2016）[36] 等学者从技术角度出发，将媒体分为传统媒体和新兴媒体；代玉梅（2011）[37] 等学者从传播者的主体出发，将媒体分为自媒体和他媒体。刘建新（2004）[38] 分析了狭义角度的主流媒体和商业媒体。随着网络技术的发展，自媒体的社交化趋势及其在旅游业中角色也越来越受到关注[39-41]。在这些研究的基础上，基于信息来源的媒体区分逐渐形成。例如，周逵（2015）在研究中分别提到了主流媒体、商业媒体和微信、微博等第三方平台的媒体化[42]。刘明娜（2018）等将舆论导向中的信息来源区分为商业媒体、自媒体和官方机构[43]。徐曼、刘博（2019）对主流媒体、商业媒体、自媒体的作用机制做了比较分析[44]。应该看到，由于新闻业务的交叉性，主流媒体、自媒体和商业媒体之间的界限越来越难以界定。在这种背景下，各类研究需要基于合理的逻辑和自身的研究需求对媒体的分类和内涵来进行界定。

相比于学术文献，非学术文献对媒体的分类和比较分析也较为丰富。例如，习近平总书记在《推动媒体融合向纵深发展 巩固全党全国人民共同思想基础》的讲话中提出，"推动媒体融合发展，要统筹处理好传统媒体和新兴媒体、中央媒体和地方媒体、主流媒体和商业平台、大众化媒体和专业性媒体的关系"[45]。孟威在《主流媒体网站内容建设的三个维度》中提出，"要做包括主流媒体、自媒体、商业媒体信息生产传播和公众需求满足的复合考量"[46]。

3. 媒体的分类界定

总体上，媒体的分类和概念界定取决于所选取的理论视角和参照物。根据信息发布主体进行媒体分类是一种较好的分类方式，它能较为清晰地区别媒体所发布信息的性质及其运作导向。学界对主流媒体、商业媒体、自媒体呈现出较为多元化的理解，相关界定通常基于不同的理论视角来进行阐述。

第一，主流媒体。1997 年，美国麻省理工学院教授 Avram Noam Chomsky 发表 "What Makes Mainstream Media Mainstream"（《主流媒体何以成为主流》）一文，首次提出"主流媒体"一词[47]。西方国家对于主流媒体的界定相对明确，认为主流媒体就是面向主流人群的媒体[48]。在西方社会，主流人群就是中产阶级，关心时事是西方中产阶级的基本特征之一，正因为如此，西方主流媒体内容相对严肃并且注重社会影响力[49]。显然，我国的国情不同于西方。周胜林（2001）提出，"根据我国的国情，中央和各省市的党委机关报，中央和省市级的广播电台、电视台，毫无疑问都是主流媒体"[50]；臧燕，刘月芹（2008）也认为，"在我国，主流媒体主要指以新华社、人民日报、中央电视台、中央人民广播电台等为代表的媒体机构"[51]。可见，在我国学者的视阈下，主流媒体主要是指由官方主办或者具有官方性质，主要以传播官方政策和价值观为主要导向的媒体机构。

第二，商业媒体。易鹏（2018）提出，商业网络媒体主要是指商业性机构、组织或个人创办的以营利为主要目的的网络媒体[52]。当然，大部分媒体都具有商业性。例如，作为官方媒体的中央电视台同时也开展大量的商业行为，网络自媒体平台也充斥着商业信息[53]。

第三，自媒体。丹·吉摩尔最早对新媒体与旧媒体的区别进行了分析，其专著 *We the Media: Grassroots Journalism by the People, for the People* 对"自媒体（we media）"这一术语的概念和发展演变做了解释[54]。谢因·波曼（Shayne Bowman）与克里斯·威理斯（Chris Willis）认为，"'We Media'是普通大众经由数字科技强化与全球知识体系相连之后，一种开始理解普通大众如何提供与分享他们本身的事实、他们本身的新闻的途径"[55]。换言之，自媒体是公民用以发布自己亲耳所闻、亲眼所见事件的载体，如博客、微博、微信、论坛等社交网络平台。

综合以上的文献和概念解释，本研究以信息发布主体及其性质作为区分媒体的依据，将媒体区分为主流媒体、商业媒体和自媒体。其中，主流媒体是指由官方机构主办的或者具有官方性质的媒体机构和平台。商业媒体是指主要以营利为目的的商业性机构主办的媒体机构和平台。自媒体则是指基于现代网络技术、可由个人发起并进行大众化传播的媒体机构和平台。个人用户和私人社团等也可在自媒体平台上与普通大众进行信息互动，并构成为自媒体传播的内容要素。

4. 媒体信号

旅游安全传播是基于特定的媒体和途径所进行的旅游安全信息传递活动。媒体是传递信息符号的物质载体和手段，作为技术手段的传播媒体决定了旅游安全信息传播的范围、速度和效率。媒体也可以理解为从事新闻信息采集、加工、制作和传输的社会组织，作为信息来源的媒体决定了传播内容的价值立场和内容[56]。因此，传播媒体在旅游安全传播中具有重要的作用。

在旅游安全传播过程中，媒体是传播安全保障信息的重要渠道，媒体传播的信号在旅游者行为影响过程中具有重要作用。信号是运载消息的工具，可以理解为信息的载体，按照实际用途划分，它包括电视、广播等媒体信号、通信信号以及其他信号。一般而言，信号具有如下特点：当信号发送者向接收者提供潜在质量的指示时，就会发出信号；发送者投入成本越高，则信号的可信度越高；如果信号成本的大小取决于发送者的潜在质量，则信号具有信息性[57]。也有学者认为，当信息的质量不容易被验证时，信号是有益的[58, 59]。媒体信号是信号的重要类型之一。本研究将媒体区分为主流媒体、商业媒体和自媒体，因此研究中的媒体信号是指由主流媒体、商业媒体和自媒体等各类媒体向接收者发送信息或者指示。

（四）旅游者安全行为

旅游者安全行为是在安全行为的基础上研究特定群体的概念。早期安全行为概念的提出主要是基于工作场合的安全行为研究。安全行为是个体为保护自身安全所采取的安全遵守行为和安全参与行为等行为要素的总称，前者体现为行为个体遵守特定的安全制度、职责和义务，后者体现为行为个体为维护安全环境自发参与相关活动[10, 11]。因此，旅游者在旅游地旅游的过程中采取的自我保护、遵守制度、参与救援等行为也应包括安全遵守行为和安全参与行为两个维度[60]。

从研究内容来看，旅游者安全感知和风险感知是旅游者行为领域的重要研究方向，同时旅游风险感知与旅游者安全行为联系密切，风险是安全的对立面。因此，旅游者行为的概念可以为旅游者安全行为的概念界定提供基础。罗明义（2001）指出，旅游者行为是指旅游者在认识、购买、消费和评估旅游产品全过程中所反映出来的心理过程、心理特征和行为表现，这是一种具有过程属性的行为体系，它包括旅游者收集有关旅游产品的信息而产生的购买动机（动机行为），也包括经过对信息的筛选比较做出购买决策（决策行为）、进行旅游活动（空间移动行为）及事后评价（满意/投诉行为）的综合行为体系，它反映了旅游者购买和消费旅游产品的全部心理和行为过程[61]。可以认为，旅游者行为研究是消费者行为研究的重要分支，"旅游消费行为""旅游动机""行为特征"等研究是旅游者行为研究的重要主题[62]。

旅游者安全行为研究是旅游安全研究的热点领域。从既有的研究文献来看，对旅游者安全行为的概念做出较为准确、系统界定的研究并不多见。一般认为，旅游者安全是旅游主体可以容忍的风险程度。旅游者安全行为是旅游者为达到或保持相对安全状态的行为反应[63]。旅游者安全行为是旅游者在旅游活动中规避风险或不安全因素、摆脱危险的行为反应活动，它以保护旅游者安全为目标，它跟旅游行为一样贯穿于旅游活动全程。也有研究对旅游者安全行为的相关概念及内涵进行研究视角的总结，认为旅游者安全行为的概念与旅游者决策前的犹豫行为、旅游者信息搜索行为、旅游者的安全知识储备、旅游者的安全反馈行为等概念有着较为密切的关联[64]。现有的对旅游者安全行为的界定与研究，在很大程度上是针对安全行为控制层面展开的研究，对旅游者安全行为的管理和实践有着较好的指导意义，但从理论层面对旅游者安全行为进行系统界定的研究则较为缺乏。

综上所述，本研究认为，旅游者安全行为是旅游者为维护自身安全或使自身达到安全状态所做出的行为活动的总称。旅游者安全行为的显著特点表现在不确定性、差异性、可塑性和受安全认知调节等方面。现场旅游者的实体安全行为和潜在旅游者的线上安全沟通行为都具有维护自身（现在或将来）安全的目标导向，但是两者具有不同的发生场景和行为体系，以此可以将旅游安全行为区分为线下旅游安全行为和线上旅游安全行为。旅游者的线下安全行为可以区分为安全遵守行为和安全参与行为[10, 11]，旅游者的线上安全行为可以区分为线上安全信息生产和安全信息分享等维度结构[12, 13]。

二、文献综述

（一）旅游安全研究述评

1. 旅游安全的研究范畴

在 20 世纪六七十年代，美国等西方发达国家普遍出现了逆城市化现象，城市中心区出现了经济衰退、拥挤、犯罪等负面问题[65]。在 2001 年的"9·11"事件和 2010 年欧洲系列恐怖袭击事件的催化下，西方学界对旅游安全开展了广泛的探索，并形成了丰富的理论成果。这些研究主要集中在以下领域：①对自然灾害、事故灾难、社会安全事件、恐怖袭击等具体事件的表现特征、形成机制等所展开的综合研究[8, 66]；②对旅游产业[67]、旅游市场规模[68]等影响结构的研究；③对邮轮旅游消费者[69]、边境旅游者[5]、国际旅游者[70]等不同主体的旅游安全感知的综合研究；④基于危机角度的旅游风险感知及其管理研究[71, 72]，这是本领域成果较为丰富的研究方向。

国内的旅游安全研究在 1997 年亚洲金融危机后开始逐渐受到关注，张广瑞（1998）[73]、赵吟清（1998）[74]、周玲强（1999）[75]等学者较早探讨了亚洲金融危机对中国旅游业的影响及对策，梁琦（1999）[76]较早关注了亚洲金融危机对国际旅游服务贸易的影响及对策。在郑向敏（2003）[77]等早期学者的推动下，旅游安全研究逐渐起步并呈现出日益丰富的成果。这些研究主要集中在旅游地安全[78-80]、涉旅重大安全事件[81-83]和旅游产业安全研究[84, 85]，以及旅游危机特征及其管理研究[86-89]。

2. 旅游安全事件的形成与特征

旅游安全事件是旅游安全研究的热点问题，也是旅游安全媒体传播的主要内容。旅游安全事件是指在旅游行业内部或外部发生的，可能或已经对旅游者、旅游企业等造成伤亡影响或财产损失，或者产生较为严重的负面社会影响，在预防、控制和处置过程中难度较大及以上的各类事件。学界和业界一般沿用《突发事件应对法》等法规预案的分类方式，将旅游安全事件分为自然灾害、事故灾难、公共卫生事件和社会安全事件四大类别[90]。部分学者在此基础上又对这四大类别进行了细分或者再细分[91, 92]。比较而言，旅游安全事件是一个含义广泛的概念，它包括了旅游灾难事件、旅游危机事件、旅游突发事件和一般性旅游安全事件等不同严重程度和性质结构的安全事件，它是旅游领域或涉及旅游领域的、具有破坏性影响的各类安全事件的总称。

旅游危机事件是旅游安全事件的发展形态之一，是严重程度较高的安全事件类型，也是旅游学界较为关注的安全事件类型。按照来源，突发性危机可以分为旅游业业外因素导致的业外危机和旅游业本身因素导致的业内危机[93]。其中，业外突发性危机事件又可按照事件的具体性质分为政治性危机、经济性危机、社会文化危机和安全性危机 4 个大类和大类下细分的 11 个亚类[94]。也有学者将旅游危机分为背景型危机和内在型危机[95]。按照危机事件的动因，可以分为自然危机和人为危机[96, 97]。按照影响的空间范围，可以分为国际危机（包括全面性国际危机和局部性国际危机）和国内危机（包括全面性国内危机和局部性国内危机）[98, 99]。少数学者专门研究了旅游景区、旅游企业的危机分类[100]。

明确旅游安全事件的形成和演进机理是预防旅游安全事件爆发和应对旅游安全事件的重要认知基础。致灾因子是安全事件产生的源头，是导致安全事件爆发的必要条件。旅游产业自身存在的特殊风险结构、管理体系缺陷等因素和复杂的外界不确定因素[101]等共同构成了旅游产业风险的诱因，这些致灾因子若未得到遏制而长期作用于敏感的旅游市场，将引发供求双方的矛盾冲突，并演化成旅游产业风险，若风险未得到控制或未被及时地化解，风险存量将形成潜在的安全事件。此时，一旦有不利因素发生则会激活潜在突发事件，当突发事件真正爆发后会迅速扩大与蔓延，其演化速度可能非常之快[102]。安全事件发生之后，由于话题和公众情绪的动态和连续变化，可能会导致新的危机并影响到旅游目的地。

安全事件一般具有突发性、紧迫性、不确定性、严重的公共危害性、扩散性与连带性等特点[103]。由于旅游业本身的特点，旅游安全事件除了具有安全事件的一般特征外，也有其自身的独特性。旅游安全事件具有危与机并存的双重性。从发生成因、发生类型、发生频率、发生结果四个方面看，旅游安全事件的发生特征表现为内生性与外生性相结合、集中性与分散性相结合、习惯性与偶发性相结合、致死性与致伤性相结合[104]。从单类型旅游安全事件来看，新的时代背景下，自然灾害表现出许多新的特征，如影响范围更广、灾害的链接性和迭加性突出等[105]；作为公共卫生事件的旅游地传染性疾病在涉事人群特征、传播速度、传播距离等方面都有一定的特殊性，如人群流动性大、传播速度快、传播距离远、传播范围广等[106]。

（二）旅游安全传播研究述评

1. 旅游安全传播的特征

旅游安全传播具有信息共享、双向互动等一般传播的共同特点。在互联网时代，旅游安全传播还具有线上—线下的交互与传导的特点，线上旅游安全传播速度较快，转发也容易，呈病毒式发展；广大旅游者也可以成为自媒体的传播者，甚至成为概念的倡议者或者意见领袖等，这在一定程度上挑战了官方新闻的话语权。研究显示，互联网和新媒体环境下的安全传播是现阶段公共安全传播的研究热点，特别是重大生产安全事故的网络舆情传播[107]、重大社会安全事件（如暴恐事件等）的微博传播[108]、突发公共安全事件的社交舆情传播行为[109]等的研究受到学术界的关注。

2. 旅游安全传播的情境结构

已有的文献研究表明，旅游安全传播的研究主要集中在危机传播领域，部分学者对旅游危机事件的网络舆情[110, 111]、旅游地负面口碑传播[112]以及新媒体环境旅游品牌的危机传播[113]等进行了研究；公共安全事故、社会安全事件与旅游危机事件的网络舆情研究逐渐引起了学界的关注，但从区分情境结构的视角对旅游安全传播展开系统的研究却并不多见。因此，本研究拟将真实事件引发旅游者或潜在旅游者的线上安全行为纳入线上情境的研究范畴，并将旅游安全传播的情境区分为线上情境和线下情境两类。

近年来，恐怖主义活动在全球频繁发生，各类社会安全风险也表现出复杂的成因结构和表现形态。这种安全形势对众多旅游目的地的常态管理、重要节事活动管理以及危机事件管理都造成了巨大的安全挑战[114]。国内外旅游目的地开始将常态情境的安全管理作为日常基础的安全保障工作。目的地安全措施对旅游者安全感知的影响研究是危机情景下旅游者安全感知的重要研究方向，但现有的研究结论并不清晰。既有的关于目的地安全措施对旅游者安全感知的影响关系研究主要从安全装置[115]、行为安全措施[116]、安全计划（安全倡议、疏散计划等）[117]、旅游者特征（长期旅游者、休闲旅游者、商务旅游者）[118]、情感凝聚[5]等层面展开研究。少数研究认为目的地安全措施容易引发旅游者不必要的担忧与害怕，甚至影响了旅游意愿。酒店住宿客人能够接受一般特性的安全装置，过于严格的安保措施则较难接受，但以往被认为较难接受的金属探测器的接受程度却显示中性，研究认为或许住宿客人只是把这作为生活的一个事实[119]。此外，大多数旅游供应商认为明显 / 严格的安全措施（显然暴露于公众）可能会吓到旅游者[120]，会让他们产生错误的感知：目的地发生了负面事件。可见，旅游者接收到的旅游安全传播的媒体信号与真实的情况并不完全一致，这可能是旅游安全传播过程中出现了噪声导致的偏差，也有可能是旅游者对旅游安全传播信号的理解存在偏差。

与此同时，全球各地的国际峰会等重大节事活动都高度重视安全保障工作，其目的是保障参与者的安全。在中国，金砖峰会、上海合作组织峰会、"一带一路"国际合作高峰论坛等重要国际会议，举办城市会采取区别于日常状态的强化型安全保障行为，它会增加旅游者在旅游过程中的受检强度和频度，举办城市也会通过电视、网络、报纸等各种媒体工具进行旅游安全沟通和宣传，旅游者则会明显体验到安全保障力量的强化。在中国文化情境下，旅游者会如何看待和响应重大会议节事情境下的安保媒体信号，这种信号会对旅游者的心理和行为造成何种影响，是一个尚未被理论检视过的研究议题。

研究表明，媒体经常在灾难中塑造不同类型的故事，媒体对特定灾难和危机的负面报道或者错误报道都可能导致目的地旅游收入的损失[6]，甚至给旅游目的地带来毁灭性的结果，而媒体的正面报道和宣传能够有效促进旅游目的地的发展。因此，媒体对旅游目的地的负面和正面报道，都会对潜在旅游者形成持久的印象。对此，大量的研究基于危机风险情境，对各类媒体与旅游者安全感、旅游意愿等的影响关系进行了具体的探索[8]。值得关注的是，危机事件情境下的旅游安全传播的环境信号对旅游者的影响开始引起国际旅游学界的重视。Cruz-Milán、Simpson，Simpson & Choi 等人（2016）的研究显示，目的地安全保障力量的强化对旅游者安全感知的影响是正向的，人道主义危机下安全部队的增加部署能够提高目的地社区安全、生活满意度以及长期旅游者的重返意愿和推荐意见[118]。但研究只是单纯探讨危机事件的发生背景，同时研究侧重分析旅游者的安全感知以及生活满意度等，并未对旅游安全传播信号下旅游者的安全行为响应展开研究。可见，危机事件情境下旅游安全传播信号对旅游者安全行为的影响机制研究仍较为鲜见。因此，研究将从情境的紧急程度出发，将旅游安全传播的情境区分为非危机事件情境与危机事件情境两种，前者指日常状态、不存在重大伤害性事件的场景状态，后者则指非日常状态、存在重大伤害性事件并引起社会广泛关注的场景状态。

综上所述，旅游者在旅游活动过程中，既是信息的接收者，也是信息的传播者。旅游者的旅游行为本身就是一种特殊的行为传播方式，旅游者的安全行为也就必然成为旅游安全传播的重点研究内容。本研究将旅游安全传播界定为涉及旅游安全的信息的传播，并将其划分为非危机情境与危机情境、线上情境与线下情境等不同分类情境下的传播活动。

（三）媒体研究述评

1. 传统媒体与新媒体

传统媒体和新媒体在本质上都是信息传播的媒介[121]，传统媒体向新媒体的融合发展过程，实际上是传播工具的变革与创新的过程[122]。传统媒体与新媒体是以相对立的概念而引起学界的关注，既有的研究主要集中在传统媒体与新媒体的深度融合发展[123]、传统媒体的创新与发展[124]、新媒体的建设与发展[125]、新媒体环境下的舆论管理[126]等方向。但也有学者认为，从用户使用行为和媒介效果来看，新媒体和传统媒体的界限并不清晰，新媒体内部的异质性也同样存在，学界应对新媒体进行更加细化的理论建构[127]。

一般而言，传统媒体和新媒体的性质结构及其信息传递形式具有差异性。相比之下，以网络为渠道的自媒体、社交媒体等新媒体在信息传播中具有更强的自发性、主动性和参与性[8]。因此，在传统媒体所塑造的信息环境中，新媒体为公众提供了新的选择，吸引了大量的关注度和参与度。在旅游安全传播中，传统主流媒体所释放的信号与新媒体平台所释放的信号交错传递，从而形成了混合性信号传递环境。当前时代的公众和旅游者一般都处于这种媒体信号所构成的信息环境中。随着手机上网用户规模的不断发展，随时随地登录自媒体、商业媒体、社交媒体等新媒体平台已经日益成为公众的日常习惯。在这种背景下，作为信息受众的旅游者对旅游地的安全感知状态和安全行为既受到传统媒体的影响，也会受到新兴媒体的影响，它是多元化媒体信号综合传导所塑造和形成的结果。

与传统媒体相比，解释性媒体、社交媒体、自媒体是以现代技术为支撑的新兴媒体，它们在信息搜索、消费互动、信息分享、用户个人体验等方面具有独特的优势。解释性媒体能够提高旅游者的旅游认知，减少信息搜索带来的时间成本。相比之下，社交媒体注重交流，能有效促进顾客参与、提高用户体验，这使社交媒体成为激发顾客与旅游品牌互动的理想渠道[128]。而自媒体则更加注重传播，自媒体会释放丰富、独特的信息来吸引受众[129]。因此，传统媒体和新兴媒体共同塑造了旅游者外在的信息环境。

在新媒体技术的推动下，传统媒体加强了在线载体的建设和传播方式的拓展，开展了新媒体中心、数字平台、公众号等建设，一些新兴的媒体形态也在不断地完善发展。在媒体融合发展的背景下，媒体传播的发展方式也由线下传播扩展到线下—线上的并行传播。因此，非危机情境与危机情境下的旅游安全传播的媒体来源也越发多元化，主要包括主流媒体以及商业媒体、自媒体等媒体的声量来源。

2. 媒体信号

一般而言，信号的发送者常常拥有优越的信息，但实际上发送者并不总是拥有优越信息的能力。研究发现，发送者的经验能力和接收者的信号需求影响了信号效果，可以通过调整信号强度来提高有效性[130]。信号的接收者是广大的受众，信号并没有经过精心的设计和定制[131]，且信号在传递的过程中也会由于外界环境和噪声因素导致失真，信号的效果也就会受到一定的影响。当然，不同的受众对信号的解释和理解会有所不同，如果接收者个体认为信号是可信的、有益的或者能创造价值，他们就会将信号进行接收、处理并指导个体的行为。

媒体信号是信号的重要类型之一。媒体信号对公众的感知具有显著的影响能力[132]，媒体对危机、灾难所采取的报道方式、报道内容和报道方向会影响旅游者的感知和目的地选择[6]，也会对旅游目的地形象产生深远的影响。在旅游活动过程中，传统媒体和新兴媒体的融合交汇为旅游者提供了信息来源充分的外在环境。根据信号理论[57]，媒体报道所传递的信号会潜在地影响旅游者的态度，进而影响旅游者的行为。因此，研究认为媒体信号能够激发并引导旅游者的安全行为，这是本研究的重要研究内容。

（四）旅游者安全行为研究述评

1. 旅游者安全行为的表现特征

旅游者安全行为与旅游者不安全行为息息相关，它们是一个问题的两个方面。学界更习惯于对旅游者的不安全行为特征进行研究和描述，这一点明显地反映在文献数量上。学界对旅游者不安全行为的表现特征形成了普遍共识，认为旅游者不安全行为主要包括旅游者有意识的不安全行为和无意识的不安全行为，其中有意识的不安全行为由明知有危险仍然采取的不安全行为和追求刺激、高风险的不安全行为两方面构成。相关文献主要集中在旅游者的旅游决策行为、出游前的安全准备行为、旅游过程中的安全防范行为等方面[133-135]。由于旅游者是脱离惯常环境、身处异地空间的特殊人群，他们对旅游安全事件或媒体传播的信息掌握程度、决策时的理性程度等都不同于常规人群，因此其在旅游安全传播下的行为反应机制也不同于常规人群，相应的机制规律需要针对旅游者人群进行针对性研究，这是本研究开展的重要理论基础和前提。

2. 旅游者安全行为的结构维度

从安全学科的角度而言，对行为主体的安全行为进行维度分类是重要的研究议题。传统观点认为安全行为可以划分为安全遵守行为（Safety compliance）和安全参与行为（Safety participation）[10, 11]。安全遵守行为是指个体为维护安全而需要执行的核心行为活动，包括遵守工作程序、穿戴安全防护设备等。安全参与行为是指个体自愿参加的安全活动，以促进安全计划的改善和提高。研究发现，安全遵守行为和参与行为对安全结果具有重要的影响，安全行为能够减少工作事故和伤害[136]。同时，如果员工相信安全行为会带来有价值的工作结果，他们会受到激励并表现出安全遵守和安全参与行为。安全遵守和安全参与行为的定义和要素随后得到了发展和补充，但都与 Neal and Griffin 早期提出的安全行为的理论研究是基本一致的。从旅游领域的研究来看，林炜铃等（2016）在研究中使用安全参与和安全遵守两个基本维度[60]。同时，有不少学者对安全（风险）环境下旅游者降低风险的行为进行了丰富多元的研究[135]。

旅游者的安全行为关乎旅游者的人身、财物和心理安全，是旅游者在安全相关情境下的重要行为响应，是以维护旅游者在现场或将来的安全状态的行为活动。随着互联网的高速发展，传统媒体和新兴媒体同时成为旅游安全传播的重要渠道，两者的集中报道会使公众产生更剧烈的行为反应。因此，旅游者不仅仅在实际的旅游场景中会表现出安全行为，他们在互联网上进行安全信息生产和分享的行为也日益活跃，这潜藏着他们对相关安全事件的态度，也表达了他们对类似场景下自身安全的关注。因此，旅游者常常通过微信朋友圈、微博、论坛社区、网络软文、多媒体电子杂志来抒发他们的旅游情感，并分享他们的旅游经历和部分遭遇，他们对遭遇的安全事件会特别关注，在分享的基础上会进行多方的转发和评论。

据此，本研究将旅游者安全行为区分为线下安全行为和线上安全沟通行为两类安全行为体系。旅游者的线下旅游安全行为采用 Neal and Griffin 早期提出的安全行为划分，即包括安全遵守行为和安全参与行为。旅游安全遵守行为的初步测量指标包括使用安全设备、遵守行为程序、遵守安全标准、遵守安全指示等；旅游安全参与行为的初步测量指标包括参与安全解说、改善安全状态、参与安全活动等。旅游者的线上安全沟通行为包括旅游安全信息生产[12]和旅游安全信息分享[13]两个维度，将旅游安全信息陈述和情绪表达等指标作为旅游安全信息生产的初步测量指标[137]；同时将旅游安全信息转发、旅游安全信息点评等指标作为旅游安全信息分享的初步测量指标。具体如表 2.1 所示。

表 2.1　旅游者安全行为的感知维度与测量指标

维度结构		维度内涵	初步测量指标
旅游者线下安全行为	旅游安全遵守[10, 11]	在旅游活动中遵守各类规范警示的行为活动	使用安全设备 遵守行为程序 遵守安全标准 遵守安全指示
	旅游安全参与[10, 11]	在旅游活动中参与安全风险过程控制的行为活动	参与安全解说 改善安全状态 参与安全活动
旅游者线上安全沟通行为	旅游安全信息生产[12]	在互联网上抒发对旅游安全事件的心理变化	安全信息陈述 安全情绪表达
	旅游安全信息分享[13]	在互联网上发布旅游安全事件的经历和遭遇，并做评论和建议	安全信息转发 安全信息点评

三、理论基础

（一）认知行为理论

认知行为理论（Cognitive-behavioral Theory）是通过改变信念或者行为的方式来影响或者改变个体的错误认知。认知行为理论是在行为主义理论和认知理论的基础上发展而形成的，较具有代表性的有艾利斯（Albert Ellis）的合理情绪行为疗法[138]以及梅肯鲍姆（Meichenbaum，D）的认知行为矫正技术等[139, 140]。认知行为理论强调个体对外界的认知活动对态度、心理或者行为产生影响作用，也可将其用于认知行为的矫正与治疗。在认知行为理论发展的过程中，艾利斯（Albert Ellis）提出了认知的"ABC 情绪框架理论"，即个体面对真实的事件的思考、信念、自我认知以及评估[138]。当个体对事件有正确的认知时，会表现出正常的情绪和行为；但如果个体对事件产生错误的认识时，则常常表现出错误的情绪和行为。因此，认知行为理论可以将认知用于行为的修正，它强调了认知在解决问题过程中的重要性，并强调内在认知与外在环境之间的互动。

（二）信号理论

信号理论（Signaling theory）是 2001 年诺贝尔经济学奖获得者斯宾塞（Spence）于 1973 年首先提出的理论，他解释了经济学的信息不对称、信息反馈与信息均衡等问题[57]。研究发现，信号发送者的经验能力和接收者的信号需求影响了信号效果，可以通过调整信号强度来提高有效性[130]。信号的接收者是广大的受众，信号并没有经过精心的设计和定制[131, 141]，且信号在传递的过程中也会由于外界环境和噪声因素导致失真，也会由于受众对信号的解释和理解的不同而产生信号的误解，信号的效果也就会受到一定的影响。

信号理论在管理情境、市场情境、人类学领域的使用和验证研究较多，在旅游研究中较少涉及。比较有代表性的是将信号理论作为一个研究视角，测试旅游者对价格和服务质量广告的反应[142]以及将信号理论用于危机情境的安保个案研究，分析人道主义危机下安全部队的部署对长期旅游者的影响研究[118]。

（三）媒体议程设置理论

媒体是旅游安全传播的重要渠道，媒体是公众获取信息的主要来源，但不同类型媒体所扮演的信息传输角色和作用机制具有差异性。媒体议程设置是大众媒介或者媒体影响社会的重要方式。议程设置研究的基本理论来源于李普曼，他认为新闻媒介影响我们头脑中的图像。而最早对媒体议程设置理论假说进行验证的是美国传播学家 M.E. 麦库姆斯和唐纳德·肖，他们的验证改变了当时传播的"有限效果模式"[143]，取而代之的是议程设置对传播效果具有良好的促进作用。从发展进程来看，议程设置研究经历了 4 个发展阶段：即对基本假设的扩展；增加了心理因素的影响；将议程从公众议题的议程扩展到其他议程；从公众议程的设置过程转向新闻议程的设置过程[144]。根据媒体议程设置理论（Agenda-setting theory），主流媒体可以通过设置议程向受众传递最权威的信息和内容。议程设置的主要目的是为受众确定重要的问题，引导受众的思考。议程设置可以划分为第一层次（面向公众的特定问题的突出程度）和第二层次（公众对问题的思考）两个关键领域[145]。

（四）媒体框架理论

马文·明斯基（Marvin Lee Minsky，1927）是框架理论的创立者，而后戈夫曼（Goffman，1974）将框架的概念引入文化社会学，他提出个体对情境的定义即为框架[146]。戈夫曼认为个体可以使用特定的诠释框架去理解日常生活。加姆桑（Gammson）则将框架定义为界限和架构两类[147]。但从新闻媒体的框架研究来看，学者们基本上是基于戈夫曼的框架思想进行发展探索的。框架被引入大众传播的研究是框架理论的重要发展进程。瑟尔斯提出了新闻媒介框架，他认为新闻媒介倾向于以各种不同的方法去构造议题[148]。因此，框架是议题的呈现方式，框架理论与议程设置有着紧密的关系。

媒体框架理论（Media framing theory）是对议程设置理论的扩展，所谓的框架就是新闻呈现的方式，它影响受众的信息处理；框架关注的是当前问题的本质，而不是特定的主题。因此，媒介生产有着特殊的语境[148]，框架是选择和突出事件或问题的某些方面，并在它们之间建立联系以促进特定解释、评估的过程，它强调了媒体与公众的互动。从本质而言，媒体的框架效应是研究相关问题呈现的差异对媒体用户的态度、情绪和决策的影响。媒体的框架效应包括等价框架（Equivalency framing effect）和强调框架（Emphasis framing）两个类型[149]。这两个经典理论在旅游风险感知以及可持续管理的研究中已有出现。通常情况下，政府机构都擅长通过媒体议程设置和框架效应来引导舆论走向。

四、总体研究述评与拟研究方向

（一）总体研究述评

旅游安全是旅游研究中的重要研究领域。旅游安全传播起始于旅游危机沟通等相关领域，它在实践上对旅游地、旅游企业等主体开展预防性安全管理、避免旅游危机事件、降低旅游安全治理成本具有重要作用。因此，这个尚未成熟的研究领域近年来受到越来越多的关注和重视。

国内外相关研究呈现以下特点和趋势：

（1）对旅游安全事件及其影响的研究是旅游安全研究中的重要方向。随着全球非传统的旅游安全问题日益突出，各类旅游目的地的旅游安全传播需求越来越广泛。为防范恐怖袭击、新型冠状病毒肺炎疫情等非传统安全问题，全球旅游目的地都不同程度地加强了日常的基础安全管理和重大节事活动的安全保障工作等。旅游安全传播逐渐引起了各界的关注，但产业界和政府等治理机构对旅游安全传播尚缺乏系统的认识，特别在互联网和自媒体时代，旅游安全传播应该承担的宣传教育、及时预警、信息支持等功能作用仍未得到系统的实践和有效的重视。

（2）学术界对旅游安全传播开展了初步的研究，但旅游安全传播的情境研究主要集中于危机沟通领域，学界对危机情境下的舆情发展、危机信息沟通与干预、危机传播的作用机制等进行了丰富的探索、形成了丰富的成果。但是，学界对于日常场景、节假日场景、会议会展场景等非危机情境下的旅游安全传播研究还较少涉及。总体上，学界对旅游安全传播的内涵、范畴、作用机制、行为响应结构等还缺乏系统的理论考察，还没有形象完整的理论体系，这是本研究试图推进的重要研究方向。

（3）在互联网高速发展的背景下，传统媒体与新兴媒体共同成为旅游安全传播的重要渠道，旅游安全传播面临着全新的技术挑战。与传统媒体相比，解释性媒体、社交媒体、自媒体是以现代技术为支撑的新兴媒体，它们在信息搜索、消费互动、信息分享、用户个人体验等方面具有独特的优势。由此，相关研究日益拓展到新兴媒体与旅游者的参与互动研究[129, 150]。但是，在旅游研究领域，传统媒体和新兴媒体信号的交互传导机制及其影响仍需投入更多的研究力量。

（4）信号理论在管理情境、市场情境、人类学领域的使用和验证研究较多，在旅游研究中较少涉及。比较有代表性的是将信号理论作为一个研究视角，测试旅游者对价格和服务质量广告的反应[142]。也有研究将信号理论用于危机情境的安保个案研究，分析人道主义危机下安全部队的部署对长期旅游者的影响研究[118]。将信号理论引入旅游安全行为响应的研究并不多见，这需要更多的实践验证与理论探索。

（5）旅游安全传播信号对旅游者安全行为的影响机制是揭示旅游安全传播成效的重要理论结构。从既有的文献来看，旅游安全传播的行为影响机制尚缺乏丰富的实证案例，有限的几个研究主要集中在危机事件下安全部队的入驻与旅游者安全感知、满意度的关系研究[118]以及分类媒体对旅游者安全感、旅游意愿等的影响作用等相关研究[8]。也有部分学者探讨了目的地公开安保对旅游者安全感知的影响关系[151]。这些研究均没有将安全行为作为关键变量纳入分析，而这是反映旅游者在危机情境下自我保护响应的重要行为体系，也是影响游客后续行为响应的前提基础。同时，这些研究没有考虑到非危机情境下旅游安全传播的作用机制，这是未来研究需要深入探索的领域。

（6）旅游者的安全行为体系是旅游者以维护自身在旅游活动中的安全状态为目的导向的行为活动，它们主要表现为安全遵守行为和安全参与行为等行为维度。在互联网时代，在常态情境和旅游危机情境下，潜在旅游者会表现出安全信息生产、分享转发等线上安全沟通行为，这些行为体系表达了他们对旅游安全信息的关注和对自身可能身处类似场景时的安全状态的重视，这些在网络世界的安全行为可以称为线上安全行为。由此，我们可以提出由线下安全行为和线上安全行为所共同构成的旅游安全行为体系，这是对传统旅游安全行为维度划分的重要拓展，本研究将对其进行探索和验证。

（二）拟研究方向

旅游安全传播是一个尚未被系统探讨的研究领域，旅游安全传播的内涵范畴、任务体系、过程机制、影响结构等还没有形成完整的理论论述。传统的传播模式虽然能较系统地阐述传播体系的过程机制，但是对旅游安全传播的情境结构缺乏深入认知，这导致源头的旅游安全传播任务难以通过现有的传播模型得到完整的解释。因此，本书将在情境区分的基础上，以情境结构的分类阐述来提出旅游安全传播任务的建构机制，并提出旅游安全传播与行为响应分析框架，从而为旅游安全传播理论的建构打下基础。这是本书拟系统探索的研究内容（见图 2.1）。

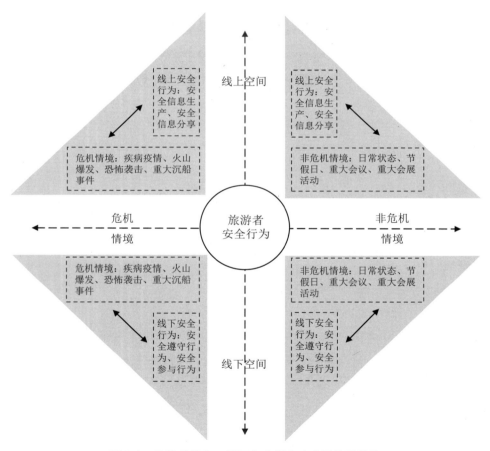

图 2.1　旅游者线上—线下安全行为响应的情境结构

　　本书拟对旅游者对旅游安全传播信号的安全行为响应机制进行实证检验。其中，旅游安全传播的情境划可以区分为危机情境与非危机情境。旅游安全行为可以区分为旅游者的线下安全行为和线上安全沟通行为两类行为体系。从情境结构来看，非危机情境主要是常态情境，在这种情境下，旅游者的线上安全信息生产和安全信息分享行为并不彰显。旅游者在非危机情境下的安全感知、旅游意愿决策等虽表现出丰富的理论成果，但是对于重大会议、节事活动等情境下的安全行为研究则较为鲜见。同时，传统的研究非常重视危机情境下的沟通传播机制及其影响作用的研究，对于危机情境下线下的行为响应有较为丰富的理论阐述，但是对于线上安全沟通行为的阐述还有待深入。据此，本研究将对非危机情境下的线下安全行为响应机制和危机情境下的线上安全沟通行为响应机制进行整体研究和区别检验，以比较分析两类情境下行为响应机制的差异（见图 2.2）。

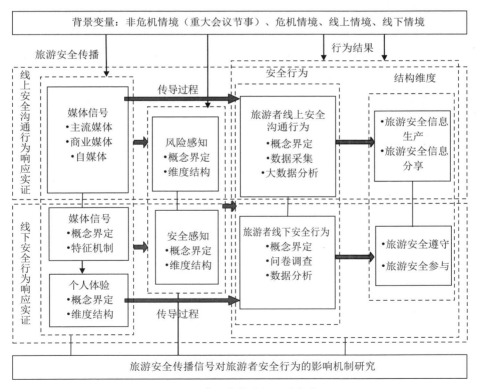

图 2.2　本研究的实证研究框架

　　为了回应上述问题，本书将开展两个情境的实证研究。在旅游安全传播信号对旅游者线下安全行为影响机制的实证研究中，本研究将建构媒体信号、个人体验、安全感知、旅游者线下安全行为（安全遵守行为、安全参与）等变量构成的理论模型，并基于问卷的数据采集进行理论模型的实证检验。在旅游安全传播信号对旅游者线上安全沟通行为影响机制的实证研究中，本研究将建构媒体信号、风险感知、旅游者线上安全沟通行为（安全信息生产、安全信息分享）等变量构成的理论模型，并基于线上的舆情声量数据进行模型拟合与检验分析。通过两类情境下的实证研究，将有助于理解和阐述旅游安全传播信号对旅游者线上、线下安全行为体系的差异化影响机制，从而完整理解旅游安全传播信号的行为影响机制，这对于推动旅游安全传播理论的丰富和发展具有重要意义。

　　旅游安全传播情境是影响旅游安全传播任务建构的重要因素，也是影响旅游安全传播策略及其有效性的重要因素。因此，本书将尝试在理论研究和实证研究的基础上，对基于传播情境、传播主体、传播内容和传播渠道的旅游安全传播策略进行阐述和分析，以使本研究同时兼具实践贡献，以推动旅游安全传播实践的发展。

第三章　旅游安全传播信号与旅游者安全行为响应的分析框架

本章研究旨在提出旅游安全传播的信号建构体系，阐述旅游安全传播的渠道机制，分析旅游者安全行为的结构维度，并据此建构旅游安全传播与行为响应分析框架，为旅游安全传播信号与旅游者安全行为响应机制的实证探索提供理论基础。

一、旅游安全传播的信号建构体系

旅游安全传播是政府、企业、利益相关者等主体基于媒体渠道、面向旅游者开展的旅游安全信息传递活动，一般服务于旅游安全形象宣传、行为引导、危机处置、市场恢复等任务目标。旅游安全传播的主体、目的、性质等传播要素取决于特定的情境结构，并需要借助多元化的媒体渠道和传播方式，以实现旅游安全传播效率的最大化。应该看到，旅游安全传播主体、传播情境、传播任务、传播性质和传播内容是传播信号形成并发挥作用的共同基础，同样的传播内容在不同的传播主体和传播情境下具有不同的信号意义。在生产和建构旅游安全传播信号过程中，传播主体是信号建构的发起主体，它应该系统分析传播活动的情境状态，并根据情境状态分析传播性质、设定传播任务，由此形成具体的传播内容。换言之，旅游安全传播的信号建构体系是由传播主体、传播情境、传播任务、传播性质和传播内容等共同构成的信号生产体系。

（一）旅游安全传播的主体结构

旅游安全传播的主体结构是指发起、执行和开展旅游安全传播活动的行动主体，它是旅游传播过程中最能动的行为因素，一般包括旅游地政府、旅游企业、行业协会、利益相关者等主体类型。旅游地政府是旅游安全监管工作、旅游突发事件应急工作和行业性安全管理工作的执行主体[152]，也是旅游安全传播活动的主要推动主体。根据《旅游法》的规定，县级以上人民政府统一负责旅游安全管理工作。按照《行政许可法》和《安全生产法》等法律法规的规定，旅游安全项目实行"谁许可，谁监管；谁生产，谁负责"的基本原则。同时，我国还确立了"管行业必须管安全、管业务必须管安全、管生产经营必须管安全"的安全管理原则。在上述体制机制的安排下，县级以上地方人民政府及其所属的旅游主管部门，在不同层面上担负旅游安全管理和安全传播的责任[153]。从旅游安全传播的阶段性任务来看，旅游地政府在预防预备阶段需要承担公共性旅游安全宣传、发布旅游安全手册、推广旅游地安全形象等基础安全传播任务，在监测预警阶段需要承担公共旅游安全信息的监测、发布和预警等安全传播任务，在处置救援阶段需要承担旅游危机（安全）事件信息发布、沟通和舆情引导等安全传播任务，在恢复重建阶段需要承担旅游地安全形象建构和宣传等安全传播任务。

旅游企业是旅游安全生产的重要主体，在旅游安全业务中承担主体安全责任。旅游企业涵盖了旅游者在旅游行程中所依托的住宿、餐饮、交通、游览、购物、娱乐等要素企业。不管何种旅游要素企业，都需要承担法定的安全管理责任，并需要在相应业务范围内承担旅游安全传播任务。从旅游安全传播的阶段性任务来看，旅游企业在预防预备阶段需要承担旅游安全宣传、提供安全旅游指南、设置旅游安全导引牌等安全传播任务，在监测预警阶段需要承担企业安全信息监测、发布、预警等安全传播任务，在处置救援阶段需要承担旅游危机（安全）事件信息发布、沟通和舆情引导等安全传播任务，在恢复重建阶段需要承担企业安全形象建构与宣传等安全传播任务。

旅游安全传播的利益相关者主要指旅游行业协会、非营利组织等对旅游安全传播承担行业引导职责的相关机构。从利益属性来看，旅游行业协会代表了行业利益，非营利组织代表了公众利益，利益属性决定了其各自承担安全责任的方式和机制存在明显的差异性。从旅游安全传播的阶段任务来看，利益相关者应该面向各自的服务主体承担事前开展旅游安全宣传、事发提供旅游安全预警信息转发、事中提供旅游安全舆情引导、事后推动旅游安全信息建构与宣传等阶段性任务。总体上，利益相关者的旅游安全传播任务是对旅游地政府和旅游企业安全传播任务的重要补充，这种补充责任在我国尚未引起足够的重视，也未形成基本的行动体系。

旅游者既是旅游安全传播的面向对象，也是旅游安全传播的重要主体。在实际的旅游行为活动过程中，旅游者之间存在不同程度和方式的交流、沟通和接触，他们可能会针对自身的安全遭遇或者经验进行人际交流。随着互联网媒体平台的发展，越来越多的民众习惯通过自媒体平台分享自己的安全遭遇或者经验，从而使传统的人际交流转化为线上安全信息的传播与交流。由于安全类的事故案例具有负面情感属性，这些案例信息的传播极易引起民众的围观和转发，严重的旅游安全事件很容易爆发为二次舆情危机，从而对事发地和事发人员产生综合性甚至结构性的转变。在互联网平台的支撑下，旅游者已成为旅游安全传播的重要力量，旅游者参与旅游安全传播活动正在深刻地改变传统传播行为的机制和结果。

表 3.1　旅游安全传播主体与阶段性传播任务

旅游安全传播主体	旅游地政府部门	旅游企业	利益相关者	旅游者
预防预备阶段传播任务	宣传公共旅游安全 发布旅游安全手册 推广旅游安全形象	旅游安全宣传 提供安全旅游指南 设置安全导引牌	面向旅游企业的安全宣传 面向旅游者的安全宣传	旅游安全形象的口碑宣传
监测预警阶段传播任务	公共旅游安全信息监测 公共旅游安全信息发布 公共旅游安全风险预警	旅游企业安全信息监测 旅游企业安全信息解说 旅游企业安全风险预警	旅游安全信息转发 旅游安全预警转发	旅游安全信息的分享

续表

旅游安全传播主体	旅游地政府部门	旅游企业	利益相关者	旅游者
处置救援阶段传播任务	旅游危机（安全）事件信息发布 旅游危机（安全）事件信息沟通 旅游危机（安全）事件舆情引导	旅游危机（安全）事件信息发布 旅游危机（安全）事件信息沟通 旅游危机（安全）事件舆情引导	旅游危机（安全）事件信息转发 旅游危机（安全）事件舆情引导	旅游安全情感的表达 旅游安全信息的分享
恢复重建阶段传播任务	旅游地安全形象建构 旅游地安全形象宣传	旅游企业安全形象建构 旅游企业安全形象宣传	旅游地安全形象建构与宣传 旅游行业安全形象的建构与宣传	旅游安全情感的表达 旅游安全信息的分享

（二）旅游安全传播的情境结构

情境是指能对事物的发生或个体及群体行为产生影响的环境条件，也常用于描述各种情况相对的或结合的境况[154]。旅游情境是由旅游活动空间、时间、事件和关系等所组成的综合场景[155]。本研究认为，旅游安全传播的情境结构是指开展旅游安全工作并需要启动媒体宣传活动的任务场景，是旅游安全传播活动的任务情形和服务对象，也是旅游安全传播信号的具体运作环境。根据任务场景的紧急状态，旅游安全传播的情境结构包括危机情境和非危机情境两类。从既有的研究来看，旅游危机情境下的旅游危机沟通广受学界重视[71, 156]，形成了丰富的理论研究成果。非危机情境下的安全沟通与教育等逐渐引起学界和业界的重视[157, 158]，但是旅游领域的相关研究则较为缺乏。

1. 旅游安全传播的非危机情境

非危机情境是指在日常状态、节假日状态、重大节事活动状态等非紧急旅游状态，但需通过媒体信息传递来引导旅游者行为、优化市场态势的场景形势。根据旅游活动的性质状态，非危机情境可区分为常态旅游情境、节假日旅游情境、重大节事会展旅游情境等情境类型。常态旅游情境是指常态化旅游活动所依存的旅游场景和形势，旅游者在观光旅游、度假旅游等常规旅游活动中所依托的旅游场景就属于常态旅游情境。节假日旅游情境是指在春节、清明、端午、国庆、暑假等特殊节假日开展旅游活动的场景和形势，它比常态旅游情境具有更大规模的旅游人流，所处的时段时期是具有特殊意义的节假日时间。重大节事会展旅游情境是指在具有重要政治、经济或文化意义，参加人员较为特殊、需要特殊安保予以支撑的节事会展活动等场景和状态。有国家领导人参加并具有国际意义的政治会晤、峰会、论坛等会展活动均可视为重大节事活动，如2017年金砖国家厦门峰会、2018年上海合作组织青岛峰会、2019年"一带一路"国际合作高峰论坛等峰会，举办场所都通过高强度安保和媒体宣传活动来支撑峰会的举行。

在非危机情境下，通过系统化的媒体传播来发布安全信息、提出安全警示、引导安全行为、宣传安全形象等，有利于为旅游活动开展提供稳定安全的旅游场景，减少旅游安全事故或事件的发生，也有利于塑造旅游地健康安全的整体形象，推动旅游市场的可持续发展[158]。因此，非危机情境下的旅游安全传播是旅游地政府、旅游企业和利益相关者所开展的综合性旅游安全工作的重要任务，也是旅游地政府和旅游企业等机构调控旅游安全形象、引导旅游者安全行为、稳定旅游安全形势的重要手段，它主要属于事前预防性的媒体传播活动，但也包括安全形象建构等发展性传播活动。从产业和行政治理实践来看，服务于综合性旅游安全管理的旅游安全传播尚未形成系统的实践方案，也较少有理论文献对其进行系统的理论总结和实证分析。

表3.2　旅游安全传播的非危机情境结构及相关研究

旅游安全传播的情境结构	亚类情境结构	基本内涵	特征	相关研究	案例事件
非危机情境	常态旅游情境	一般性日常旅游活动的场景状态	日常状态	崔振新，杜晓雨，2016[158]	日常旅游安全宣传
	节假日旅游情境	处于常规节假日旅游活动的场景状态	人流规模大、时段特殊	George，2003[159]	年度国庆旅游安全宣传
	重大节事会展旅游情境	处于重大节事活动会展活动的场景状态	人流类型特殊、活动类型特殊	刘民坤，范朋，2012[160]	2017年金砖峰会旅游安全宣传

2. 旅游安全传播的危机情境

旅游危机常指突然演变为不利局面、威胁旅游活动的事件[161, 162]。世界旅游组织认为，旅游危机是指影响旅行者对目的地的信心并干扰其继续正常运行能力的任何意外事件[163]。对于旅游危机情境，Cahyanto 等（2014）学者认为，旅游危机情境具有不确定性、高威胁和决策时间短等特征，行为个体往往没有足够的时间与信息来进行决策制订[164]。旅游危机情境往往始于短期的自然灾害或人为灾害[162]。综合上述研究，本研究认为，旅游危机情境是指发生重大旅游危机事件，需要采取紧急措施来干预和处置危机，并需通过媒体渠道来传递旅游安全与危机信息、发布旅游安全与危机干预措施，以减少或减缓危机损失的场景状态。

根据成因结构的特征，旅游危机情境可分为单一成因型旅游危机情境和混合成因型旅游危机情境两种类型。单一成因型旅游危机情境是指导致旅游危机发生的成因结构较为单一、成因来源较为明确的旅游危机情境，主要包括自然型危机情境和人为型危机情境[165]。人为型危机情境又可区分为涉旅事故灾难危机情境、涉旅公共卫生危机情境、涉旅社会安全危机情境等。各类危机情境可以进一步细分。例如，自然灾害危机情境一般是由地震、台风、海啸、泥石流等自然灾害因素中的任意一种所导致的危机情境。2008 年的汶川地震造成包括旅游者在内的大量人员的伤亡，对四川省的众多旅游地和景区造成了资源景观破坏和财产损失，这一地震灾害所导致的旅游危机严重冲击了四川旅游业的发展[166]。

表 3.3　旅游安全传播的危机情境结构及相关研究

旅游安全传播的情境结构	亚类情境结构	基本内涵	特征	相关研究	案例事件
危机情境	涉旅自然灾害危机情境	发生涉旅自然灾害类危机事件的场景状态	事件性质相异	刘丽等，2009[166]；Chung-Hung Tsai, Cheng-Wu Che, 2011[167]	2008 年汶川地震

续表

旅游安全传播的情境结构	亚类情境结构	基本内涵	特征	相关研究	案例事件
危机情境	涉旅事故灾难危机情境	发生涉旅事故灾难类危机事件的场景状态	事件性质相异	Bentley, et al., 2006[67]；殷杰，郑向敏，2018[168]	2015 年东方之星长江沉船事件
	涉旅公共卫生危机情境	发生涉旅公共卫生类危机事件的场景状态	事件性质相异	黄纯辉，黎继子，周兴建，2015[169]	2017 年海底捞"后厨门"
	涉旅社会安全危机情境	发生涉旅社会安全类危机事件的场景状态	事件性质相异	Goodrich J N, 2002[170]；杨钦钦，谢朝武，2018[171]	2017 年丽江旅游者被打事件
	混合型危机情境	混合多元、多类型成因结构的危机场景状态	事件性质复合	—	2018 年泰国沉船事件

混合成因型危机情境是指旅游危机的成因结构较为复杂，混合了多元和多类型的引致因素，需要通过复合型危机干预和处置措施予以应对的场景形势，它比单一成因型危机事件情境更具复杂性和处置干预的挑战性。以 2018 年 7 月的泰国沉船事件为例，导致该事件发生的原因包括了气象原因、船只设备原因和管理原因等复杂的成因结构，同时又发生了泰国高管的卸责言论，由此激起了中国网络平台的舆情危机[172]。泰国沉船事件及其导致的二次舆情危机是多阶段、多性质因素共同导致的旅游危机事件，它对中国赴泰旅游市场造成了剧烈的影响，这一危机事件是典型的混合型危机事件。

在危机情境下，通过系统化的媒体传播来引导舆论走向、厘清事实真相、传递政府机构或企业组织的意图等，有利于危机的有效干预和处置，也有利于减少或减缓危机的损失结果和状态，推动危机的转化和消失[173-175]。旅游安全传播是旅游危机处置过程中的基本管理手段，也是旅游危机管理的重要过程任务。旅游危机发生前和发生中的持续安全预警、危机中的逆向信息干预、危机后的恢复性信息播送等，对于旅游危机的干预、处置、恢复等阶段性任务的达成具有重要作用。比较而言，学界对旅游危机进行中的危机沟通和舆情处置较为重视[71]，对其他阶段的旅游安全传播尚未引起足够重视，相关的文献案例也较为缺乏。比较而言，混合型危机情境下的旅游安全传播尚未引起足够的重视。

（三）旅游安全传播的行为性质

旅游安全传播的行为性质是指旅游安全传播活动的行为导向和能动特征，它可以反映旅游信号的行为导向，并辅助设定旅游安全传播的任务体系和内容要素。在不同的传播情境下，旅游地需要履行不同的传播职责和任务、采取不同性质的传播活动，并选择相应的传播内容来表达这种传播性质。旅游安全传播的行为性质可以从传播导向和能动程度等方面进行结构区分。旅游安全传播的行为导向可以区分为正向传播和负向传播两种类型。正向旅游安全传播是指通过传播积极、正面、健康、良性的旅游安全信息和知识，推动旅游者旅游安全素质的提升和旅游安全行为的养成，以营造出积极正面的旅游安全氛围。负向旅游安全传播则是指通过传递负向的旅游安全案例、旅游风险信息和旅游警示内容，提醒旅游者回避风险环境和风险因素，实现对旅游者的警示教育，避免旅游者采取冒险的行为举动。正向旅游安全传播与负向旅游安全传播的有机结合是提升旅游安全传播成效的重要基础。

旅游安全传播的能动性质是指旅游安全传播活动所面向任务内容及其解决方式的能动程度，反映了旅游安全传播的主动性和积极程度，具体可以区分为自发性旅游安全传播、建构性旅游安全传播和回应性旅游安全传播。第一，自发性旅游安全传播。是指管理主体所采取的日常性、常态性旅游安全宣传教育活动，目的是形成和维持常态性的旅游安全形势，为管理主体和服务对象提供基础性的旅游安全信息，以打造可靠的旅游安全行为体系、营造常态性的旅游安全氛围。自发性传播包括旅游安全形象宣传、旅游安全知识培训、旅游安全信息发布、旅游安全警示提供等任务内容。第二，建构性旅游安全传播。是指通过主动介入式、创造性方式所开展的旅游安全传播活动，目的是建构新的安全传播内容、实现新的安全传播目标，为特定的管理和市场行为提供信息基础。建构性传播包括建构新的旅游安全形象、重构灾后旅游安全形象、传播新的旅游安全知识、创造性的舆情引导管理等任务内容。

常态性旅游安全传播活动的创新也属于建构性旅游安全传播的重要内容。第三，回应性旅游安全传播。是指面向旅游危机（安全）事件的处置干预所进行的信息回应，以及面向社会公众关注旅游安全议题的信息回应，目的是减缓旅游危机（安全）事件的发展进程、推动旅游危机（安全）事件与旅游安全舆情议题的解决。回应性传播包括发布旅游危机信息、引导旅游危机舆情、强化旅游安全宣传、引导旅游流分布等任务内容，基于创造性内容与方法的传播回应也具有建构性传播的性质特征。

（四）旅游安全传播的任务结构

旅游安全传播任务是指传播主体为达到特定的旅游安全传播目标所设定的传播职责，它反映了旅游安全传播信号的目标与方向。安全传播是一种基于价值立场的传播活动，价值导向决定了安全传播的任务结构，由此进一步决定了旅游安全传播的内容要素。在安全传播中无论是扮演传声筒角色还是监督者角色、是利己还是利他、是报喜不报忧还是以人为本，都是基于特定价值立场所做出的传播行为[176]。因此，设定正确的价值立场是确立安全传播任务的基础前提。在价值立场上，旅游安全传播应该是一种以服务于旅游产业和企业安全发展、服务于旅游者安全旅游的传播活动。在任务结构上，旅游安全传播是一种服务旅游产业、企业和旅游者等利益主体的综合性的安全信息传递行为与传播活动，其任务结构和行为属性既取决于旅游安全传播的情境结构和主体需求，也会对旅游安全传播的结果与成效产生综合影响。因此，系统厘清旅游安全传播的情境结构、目标导向和行为属性，有利于科学合理地设定旅游安全传播任务，并推动旅游安全传播任务的达成。旅游安全传播的任务结构是指旅游安全传播行为所面向的目标导向和任务内容。

综合危机情境和非危机情境的任务需求，旅游安全传播的任务结构及传播内容主要可以区分为四个层次：第一，旅游安全形象建构。安全是旅游地和旅游产业发展的基础，建立安全的旅游形象是形成优质旅游形象的基础。安全形象是旅游地整体形象的重要组成部分[177]，旅游者对旅游地安全和保障的看法会影响其对旅游地形象的认知，与特定旅游地相关联的安全风险可能在潜在旅游者心中形成持久的旅游地形象[178]。旅游者在特定旅游地感到不安全或受到威胁时，则可能会对旅游地产生负面的整体印象[179]，并因此影响到旅游者的旅游意愿和消费决策。旅游者对旅游企业安全形象的感知也会产生同样的效应。因此，管理主体应系统地打造和建构旅游安全形象，为旅游安全形象的整体建构提供传播基础。旅游安全形象建构的具体传播任务包括细分旅游安全形象要素、建构旅游安全形象内容、宣传旅游安全形象要素等任务内容。

表 3.4　旅游安全传播的任务结构

旅游安全传播任务	具体传播任务	传播主体	传播行为
旅游安全形象建构	细分旅游安全形象要素 建构旅游安全形象内容 宣传旅游安全形象要素	旅游地政府 旅游企业 利益相关者	建构性传播
旅游安全行为引导	明确旅游安全行为导向 细分旅游安全行为要素 提供旅游安全行为支撑	旅游地政府 旅游企业	建构性传播 自发性传播
旅游危机事件处置	发布旅游危机信息 引导旅游危机舆情 调控旅游市场影响	旅游地政府 利益相关者	建构性传播 回应性传播 自发性传播
旅游形象与市场恢复	重构旅游安全形象 强化旅游安全宣传 引导旅游者流分布	旅游地政府 旅游企业 利益相关者	回应性传播 建构性传播

第二，旅游安全行为引导。安全行为是个体为保护自身安全所采取的安全遵守行为和安全参与行为等行为要素的总称，前者体现为行为个体遵守特定的安全制度、职责和义务，后者体现为行为个体为维护安全环境自发参与相关活动[10, 11]。旅游者和旅游从业人员都需要适当的安全行为指引。引导旅游者和从业人员采取安全行为并减少危险举动，对于减少安全事故具有积极作用。旅游地政府、旅游企业和利益相关者都可以在安全行为引导上发挥推动作用，并通过面向旅游者提供信息要素和行为解说来完成传播任务，并通过面向从业人员提供安全操作指南、发布专业预警信息等来完成传播任务。因此，旅游安全行为引导的具体传播任务包括面向旅游者提供安全行为导向类的信息要素，提供推动认知细分的旅游安全解说知识，为旅游者采取旅游

安全行为提供必要的知识支撑。同时，还应面向旅游从业人员提供最新的专业安全资讯和安全操作指南，提升旅游从业人员的专业安全素质。

第三，旅游危机事件处置。旅游危机事件一般是实体危机和舆情危机的融合体，调控旅游危机事件引发的危机舆情是旅游安全传播的重要任务，它对于旅游危机事件的整体解决具有重要作用[180]。传统主流媒体可以通过设置媒体议程来干预危机传播[181]，这对于传递积极信息、逆向干预负面信息具有重要的导向型作用。但是，在互联网时代，民众可以基于社交媒体平台进行快速的信息传递，并成为危机传播中的信息生产者和传播者，成为舆情发展的重要推动力量，这种技术体系改变了传统的传播模式和机制。因此，互联网技术的发展要求管理主体积极应对互联网平台的媒体信息要素[182]。旅游地和旅游企业等管理主体应该积极采取危机沟通和传播举措，系统使用多媒体平台来进行信息传播，为旅游危机的减缓和消除提供信息基础。旅游危机处置的具体传播任务包括基于多媒体平台发布旅游危机信息、引导旅游危机舆情、调控旅游市场影响，推动旅游危机的科学治理。

第四，旅游形象与市场恢复。旅游安全事件的发生会对旅游地和旅游企业的形象造成负面影响，如果处置不当则可能演变成旅游危机事件，并对旅游地和旅游企业的客源市场造成灾难性影响[183, 184]。不同类型的危机事件所带来的市场影响具有差异性，负面结果较为严重、人为因素较为突出、潜在威胁持续扩大的危机事件会带来严重的市场影响。例如，疫情、地震等事件可能导致旅游者客源市场迅速崩塌。面对旅游危机导致的极端负面影响，管理主体应通过有效的旅游安全传播来重构旅游安全形象、挽回旅游市场信心、恢复旅游市场动力，这是危机事件后旅游安全传播工作的重要任务，也是旅游危机发生后实现旅游地可持续发展的重要基础。旅游形象与市场恢复的具体传播任务主要包括重构旅游安全形象、强化旅游形象安全宣传、引导旅游者人流分布等基础任务。

（五）旅游安全传播的内容要素

旅游安全传播的内容要素是旅游安全传播的具体内容，是在旅游安全任务设定前提下所形成的、需要对外传递的信息要素，它是旅游安全传播信号的内容载体。旅游安全传播内容的最终形成是旅游安全传播信号体系综合作用所形成的具体结果，是由传播主体发起、受传播情境影响、以传播性质为导向、最终由传播任务所决定的信息呈现方式。

在旅游安全传播体系中，不同的任务场景需要设定不同的旅游安全传播内容，并根据具体需求进行信息要素的设计和呈现。各任务场景下的旅游安全传播内容包括：第一，旅游安全形象建构的传播内容。旅游安全形象的建构需根植于旅游地的基础旅游形象，资源独特、吸引力强的旅游形象本身有助于传递优质、安全的传播信号。安全稳定的宏观环境是开展旅游活动的基本前提，因此旅游地宏观安全信息是影响旅游者对旅游地安全判断的基础因素[171]。在此基础上，面向旅游者提供可靠、稳定、健康、社会治安良好、基础设施完善的安全信息有助于旅游地树立起安全的旅游形象[185]。在客源市场对旅游地具有不安全的刻板印象情况下，积极地开展旅游安全形象宣传具有重要意义。因此，基础旅游形象要素、旅游地宏观安全信息、旅游安全形象要素信息等是旅游安全形象建构的主要传播内容。

第二，旅游安全行为引导的传播内容。旅游安全传播的主要目的和作用是引导旅游者的行为体系[41]，旅游者安全行为引导的传播内容取决于不同的行为导向。首先，面向旅游者提供旅游安全知识，有利于旅游者在旅游场景中采取安全的行为活动，并在应急场景下采取正确的回应行动。在公共场所和旅游场所提供安全标识，可以对旅游者的现场行为提供预警和引导。当面临重大风险情形时，相关机构应该即时发布预警信息并定期更新，提醒旅游者避免前往存在风险的旅游地和旅游场所。旅游场所的现场风险预警信息则有助于引导旅游者的现场旅游行为，并有助于避免或减少法律上的风险责任。因此，旅游安全行为知识、旅游安全行为标识、旅游安全预警信息等是旅游安全行为引导中的常用传播内容。

第三，旅游危机事件处置的传播内容。旅游危机处置是旅游安全传播的重要任务对象，由此形成的旅游危机沟通是较为成熟的研究领域[71]。旅游安全处置的目的包括干预旅游危机的发展走向、减缓危机造成的危害作用、传递积极正面的危机处置策略，从而为旅游危机后的市场与形象恢复提供基础。

其中，即时、可靠、准确的旅游危机基础信息有助于民众形成正确的危机判断，避免不实谣言的泛滥。在旅游危机处置过程中，迅速、即时、有效的危机处置和救援信息有助于民众提升对危机恢复的信心，能推动民众形成对危机干预主体的信任感[8]。同时，旅游企业、政府机构等承担社会责任、遵守危机伦理、关心关怀受伤害人员及其家属等信息具有重要的伦理意义，可以传递正面、积极的形象信息，有助于旅游地建构起负责任的伦理形象。因此，旅游危机基础信息、旅游危机处置信息、旅游危机责任与伦理信息等是旅游危机处置中的重要传播内容。

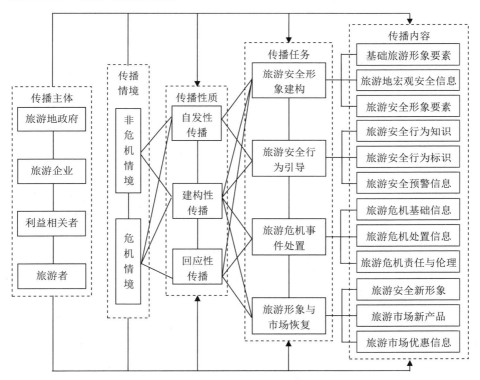

图 3.1　旅游安全传播信号的建构体系

第四，旅游形象与市场恢复的传播内容。在重大安全事件或危机事件发生后，形象与市场恢复是旅游地或旅游企业的重要任务，以安全为导向的旅游形象宣传则成为重要的传播任务。在这种背景下，旅游地或旅游企业需要面向客源市场和潜在游客提供新的旅游安全形象，通过明确的安全形象口号来传递安全信息，驱动潜在旅游者树立前来旅游的信心[27]。同时，新的旅游产品信息可以给市场提供新的吸引力方向，转移市场对安全问题的过分关注。在经历客源危机后，面向客源市场提供具有吸引力的优惠举措，可以让部分游客重新审视旅游地，并重新思考自己的旅游决策。因此，旅游安全新形象、旅游市场新产品、旅游市场优惠等信息内容有助于重新打造旅游地的安全形象、恢复对旅游者的吸引力、减轻游客的安全担忧，这是旅游形象与市场恢复的重要传播内容。

综上所述，我们可以建构出如图 3.1 所示的旅游安全传播信号的建构体系。

二、旅游安全传播的媒体渠道

媒体渠道是旅游安全传播信号承载和传输的通道，它在旅游安全传播中具有重要作用。旅游安全传播是基于特定的媒体和途径所进行的旅游安全信息传递活动。媒体是传递信息符号的物质载体和手段，作为技术手段的传播媒体决定了旅游安全信息传播的范围、速度和效率。媒体也可以理解为从事新闻信息采集、加工、制作和传输的社会组织，作为信息来源的媒体决定了传播内容的价值立场和内容[56]。

（一）旅游安全传播媒体渠道的结构分类

根据所依托的技术条件，媒介渠道可以区分为传统媒介渠道和新兴媒介渠道。传统媒体是依托传统的介质手段和技术条件进行信息传输的信息介质，新兴媒体则是基于最新技术手段和技术条件进行信息传输的信息介质[186]。因此，传统媒体和新兴媒体是两个相对的概念。在当前时期，报纸、电视、广播、路牌广告等媒体渠道属于传统媒体，依托数字技术和网络技术进行信息呈现和传输的媒体渠道属于新兴媒体，如微信、微博等属于新兴的社交媒体。传统媒体具有强大的、专业化的内容生产能力，并具有较强的社会影响力，在传播主流价值导向中具有重要作用。新兴媒体具有庞大的用户群体，也具有快速的信息生产能力和传播速度[187]。随着网络技术的发展，以社交媒体为代表的新兴媒体在信息传播和舆情演化中发挥着越来越重要的作用。

根据媒体平台的性质，媒体可以区分为主流媒体、商业媒体和自媒体。在我国，主流媒体是指由官方机构主办的或者具有官方性质的媒体机构和平台[42]，包括了主流报业媒体、全国综合新闻网站电视台、地方主流新闻网站和电视台、行政部门等主流线上媒体。商业媒体是指主要以营利为目的的商业性机构主办的媒体机构和平台[52]，包括了百度新闻、新浪新闻等知名的线上媒体。自媒体则是指基于现代网络技术、可由个人发起并进行大众化传播的媒体机构和平台[54]。自媒体平台包括了新浪微博、新浪博客、百度贴吧、搜狗知乎、大众点评网、天涯社区等开放性自媒体平台。

旅游安全传播的服务对象包括旅游企业、旅游者、政府性行政人员等不同主体，旅游者规模数量庞大、行为活动空间非常广泛，因此仅靠单一的传播媒体并不能完全承载和完成旅游安全传播的任务。相反，旅游安全传播既需要依托传统媒体，也需要依托新兴媒体，既需要依托主流媒体，也需要依托商业媒体和自媒体。只有基于多元媒体的有机组合与配合，才能完成新时代的旅游安全传播任务。

（二）旅游安全传播媒体渠道的信号传输

信号是表示消息的物理量，是运载消息的工具，它承载了信号发送者的传播意图和内容。根据媒体信号的载体类型，它可以区分为报纸信号、广播信号、电视信号、网络信号。根据媒体信号的来源性质，它可以区分为主流媒体信号、商业媒体信号、自媒体信号等类型。显然，不同类型的媒体信号具有不同的作用机制。斯宾塞（1973）的研究表明，信号的可信度与投入成本成正比[57]。因此，信号发送者越权威，受众对其信任程度越高。在传统媒体时代，主流媒体和报纸媒体的生产成本较高，它们成为公众普遍信任的媒体，它们发出的信号的公众接受度和信任度高，而民间流传的信息的可信度则相对较低。在互联网时代，媒体信息生产和传输条件发生了剧烈的改变，公众越来越广泛地参与信息的生产和传播，由此使信息生产和传播的成本不断降低，来自公众生产的信息内容的被接受度越来越高。由于民众可以相对自主、自由地在网络平台发表意见，部分主流媒体和商业媒体生产的信息内容常常受到质疑。因此,互联网时代的媒体传播既表现为多元信号内容的混合传输,也表现为多元价值理念及信号的交叉传播。在这种时代背景下,传统的主流媒体、商业平台媒体积极往线上发展,它们与自媒体的线上信号融合交汇,为旅游者提供了信息来源充分的线上媒体环境。

三、旅游者安全行为体系

(一)旅游者线下安全行为

安全行为是安全研究中广受重视的研究命题,以建筑、消防、煤矿等高危行业为依托的安全行为研究涌现出丰富的成果[188, 189],以探索员工安全行为对企业安全绩效、员工人身安全等可能产生的影响[190]。从概念上来看,安全行为是个体为维护安全而采取的行为活动,Griffin 和 Neal(2000;2006)等学者将安全行为划分为安全遵守行为(Safety compliance)和安全参与行为(Safety participation)[10, 11],前者反映了行为个体的安全合规程度,后者反映了行为个体的安全参与程度。这一维度划分被广泛认可和接受,其在从业人员安全行为的应用场景也不断得到发展和补充。以此为基础,有学者从角色性质来区分安全行为的维度,并认为安全遵守属于角色内的行为(In-role behavior),而安全参与是带有自愿性的额外角色行为(Extra-role behavior)[136, 191, 192]。Curcuruto 等(2015)则对安全参与行为进行进一步细分[193],提出了亲社会安全行为(Prosocial safety behaviors)和主动安全行为(Proactive behaviors)两种参与行为。

旅游者是行为个体中的一种,旅游者在安全导向下的行为体系与从业人员的行为体系既存在相似性,也存在相异性。首先,无论是从业人员还是旅游者,都具有基础性的安全需求。根据马斯洛需求层次理论,任何自然人的最基本需求就是保护自身个体的安全,旅游者自然也不例外。在风险情境下和安全决策环境中,旅游者会对各类媒体和事件所传递出的安全信息进行反馈,基于自身的安全考虑做出行为响应,以规避安全风险、维护自身安全[194]。在旅游研究领域,旅游者的安全遵守行为和安全参与行为等也部分得到了验证[60]。面对管理主体通过安全传播行为所传递的安全信息，处于线下实体环境中的旅游者会基于安全遵守行为和安全参与行为进行响应活动，以维持旅游活动的安全运转（见图3.2）。

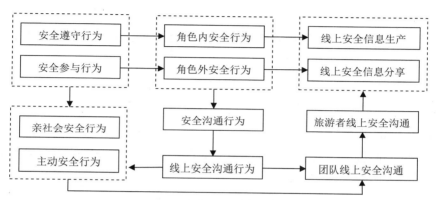

图 3.2　安全行为的维度演化

（二）旅游者线上安全行为

旅游安全传播本质上是一种沟通行为，网络线上平台则是旅游安全信息交互的沟通平台。从沟通行为的视角来看，沟通要素在安全行为中的重要性已经开始得到重视，Chen Ching-Fu 和 Chen Shu-Chuan（2014）在角色属性行为的基础上首次提出了空乘人员线上安全沟通（Upward safety science）的行为维度[195]，Bronkhorst 等（2018）在分析安全行为干预程序时也指出，团队成员的线上讨论平台对雇员健康与安全管理具有重要作用[196]。由此可见，从业人员安全行为的维度不断得到拓展，安全沟通已成为从业人员安全行为的重要行为活动。从既有的文献来看，对旅游者安全行为的认知还停留在安全遵守和安全参与两个维度，旅游者的安全沟通行为及其效应尚未被正式探讨。在互联网时代，现实旅游者和潜在旅游者的线上安全沟通已成为旅游安全事件后的重要行为活动，并是影响旅游者线下实体行为的重要信息来源。因此，将线上安全沟通作为互联网时代旅游者安全行为的拓展维度，既具有稳固的理论基础，也具有较强的实践意义。

（三）旅游者线下与线上安全行为的关系

随着网络技术的不断发展和智能手机的不断普及，线下信息与线上信息的互动速度越来越快、互动频率越来越高。民众和旅游者可以随时随地登录自媒体、社交媒体等在线媒体平台[197]，并针对在线媒体平台的内容进行点评、补充、更新。线下世界发生的重大新闻会快速地登录到线上平台并传播给他人阅读，便捷型直播设施的出现则使线下事件可以以零时差的方式在网上直播，如在 2019 年 3 月 15 日新西兰枪击事件中，枪手通过 Facebook 直播了其发动恐怖袭击的过程。微信、抖音等新媒体平台均可以通过直播功能进行现场信息的即时播送。由于信息传输平台不断革新、信息传输方式不断优化，民众所能接触的信息内容、接触信息的方式、接受信息的速度都发生了颠覆式的改变。

从权力格局来看，信息就是权力，掌控的信息越多，所拥有的权力就越大。因此，当前时代的民众依托网络平台拥有了空前的信息权力，这种权力格局的改变正逐渐改变着民众对信息的行为响应方式[198]。一方面，民众通过自媒体平台的信息发布拥有了信息话语权，即时发布信息是获得信息话语权的重要基础。另一方面，民众对已有媒体信息的点评、跟进是形成舆论话题、转换信息权力、改变事件处置结果的重要方式[199]。

在这种背景下，线上旅游安全信息与线下旅游安全信息的交互成为常态，线下旅游安全行为与线上安全沟通行为的交互也成为新常态。一方面，实际旅游过程中的旅游者可以根据线上媒体平台的安全信息随时进行分析、决策，并采取响应的安全行为来规避安全风险、维护个体安全。另一方面，实际旅游者也可以把旅游过程中所掌握的安全信息传播到网络平台，并通过情感表达和信息分享的方式来增强相关信息的声量，这些信息会成为他人形成行程攻略和旅游决策的信息依据，并因此具有了影响其他参与者线上沟通行为和线下安全行为的能力。可见，当前时代的旅游安全传播是一个线上沟通行为和线下安全行为交互响应的复合过程。

四、旅游安全传播信号与旅游者安全行为的响应关系

（一）旅游安全传播信号的行为导向

早期的传播模式都是以线性传播为基本特征，最有代表性的是 1948 年美国政治学家 H.D. 拉斯韦尔提出的 5W 模式[31]，被称为拉斯韦尔公式，即由传播者（who）、传播内容（says what）、传播渠道（in which channel）、传播对象（to whom）和传播效果（with what effect）五个环节和要素构成，它被视为传播学的基本模式，它强调传播过程和传播结构，成为研究传播的核心框架。美国的传播学家施拉姆等[30]提出了施拉姆第三模型，其最重要的贡献是将反馈引入信息传递的过程。而 50 年代后期，美国社会学家 M.L. 德弗勒提出的德弗勒模式[32]，被称为大众传播双循环模式，该模式突出双向性，并提出传播过程中的噪声要素，它被视为大众传播过程的一个比较完整的模式。上述传播模式都是基于信息交流的模型，由单项信息交流发展为双向的并具有交互性的交流方式。

按照传统的传播模式，传播主体生产传播内容，并经由传播渠道传递给传播对象，以实现特定的传播效果。旅游安全传播是以旅游者安全的保护保障和旅游产业的安全运行作为基础导向的信息传递活动，它承担着建构旅游安全信息、引导旅游安全行为、处置旅游安全危机、恢复旅游形象与市场等重要任务。旅游产业运作的基础是旅游者，分散化的旅游者是旅游产业的主要服务对象，面向广大旅游者进行旅游安全传播、并基于需求导向来改变和引导旅游者个体的安全行为，是推动集群性旅游安全行为产生、并实现旅游产业安全运作的重要基础。在这个意义上，旅游安全传播具有鲜明的行为影响导向。或者说，旅游安全传播功能发挥作用的重要基础是推动旅游者建立正确的行为响应方式。

（二）旅游安全传播信号的生产过程

旅游安全传播信号的生产过程是一个系统过程。旅游者的旅游活动和行为响应均建立在特定的旅游情境结构中，要解构旅游安全传播的过程机制应该以旅游情境结构作为基础，并以此建构旅游安全传播的情境结构。由于旅

游者所处的环境是非常住地和非惯常环境，这种环境的异质性是旅游者区别于一般消费者的本质区别[200, 201]，这也决定了旅游安全传播的情境结构不同于一般性传播活动的情境结构。不仅如此，特定的情境结构决定了旅游安全传播的行为性质。根据传播情境的不同，传播主体可以采取自发性传播、建构性传播、回应型传播等不同性质类型的传播行为。在传播情境和传播性质分析的基础上，传播主体可以形成针对性的任务体系，并选择和生成针对性的传播内容。由传播主体发起，经过传播情境分析、传播性质定位和传播任务选择，最终生成具体的安全传播内容，这一过程是完整的旅游安全传播信号的建构和生产过程。

（三）旅游安全传播信号的安全行为响应方式

旅游安全传播信号建构体系是旅游安全信号的生产系统，是形成旅游安全传播内容、生产旅游安全传播信号的功能体系。由此产生的旅游安全传播内容需要通过特定的媒体渠道进行传输和呈现，实现由传播主体传递至公众和旅游者的传播过程。旅游者的线下安全行为和线上安全沟通行为是旅游者在安全传播信号刺激下可能产生的两种行为体系，是旅游者结合信号刺激和自身的旅游安全经验、旅游安全态度等所形成的综合行为表现，它既体现了旅游安全传播信号的刺激作用，也体现了旅游者自身的行为素质和行为态度。旅游者的行为响应方式也会反馈和刺激旅游传播主体，使其开启新一轮旅游安全传播活动。

五、旅游安全传播信号与旅游者安全行为响应分析框架的建构

根据旅游安全传播信号与旅游者安全行为的响应关系，本研究认为，建构旅游安全传播机制应该以旅游安全传播主体对传播情境分析作为起点，并以旅游者的安全行为响应作为结果导向，这是推动旅游安全传播治理成效得以实现的重要基础。从比较来看，传统的传播模式较少考虑具体的传播情境，因此难以根据具体传播情境下进行针对性的信号建构，这是传统传播模式的不足之处。本研究立足于这一基本立论和对传统传播模型的改进，在融入传

播情境的基础上，形成了由传播主体、传播情境、传播性质、传播任务和传播内容构成的传播信号建构体系。以此为基础，本研究可以提出由"传播主体（who）—传播情境（situation）—传播性质（nature）—传播任务（task）—传播内容（content）—传播渠道（channel）—感知（perception）—响应（response）"等构成的旅游安全传播与行为响应分析框架，具体如图3.3所示。

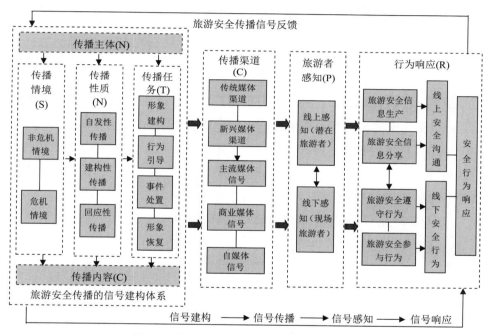

图 3.3　旅游安全传播与行为响应分析框架

　　旅游安全传播是一个由信号建构、信号传播、信号感知、信号响应和信号反馈所构成的五阶段过程。由传播主体发起的信号建构是旅游安全传播的第一阶段行为。在旅游安全传播体系中，传播情境是传播任务产生的环境基础，也是旅游者产生响应活动的环境基础。根据传统需求的紧急程度，可以把传播情境区分为危机情境和非危机情境两个基本类型，危机情境下的旅游安全传播主要服务于旅游危机事件的处置、干预和调控及线上安全沟通行为的引导。非危机情境下的旅游安全传播主要服务于旅游产业安全秩序的维护和线下旅游者安全行为的引导。传播者是旅游安全传播活动的执行主体，由于旅游地政府、旅游企业、利益相关者和旅游者所构成的多元传播主体具有差异化的利益导向，也因此具有差异化的安全传播责任和安全传播任务。在对上述事项进行综合考虑的基础上，传播主体可以生产出符合自己目标导向的旅游安全传播内容，以完成旅游安全信号内容的建构。

传播内容经由传播渠道传递的过程是旅游安全传播的第二阶段行为。由传播主体建构的传播信号与传播渠道是传播内容和传播载体的关系，传播主体生产的传播内容经由传播渠道进行扩散，传播内容由此转变为符合特定的媒体信号。传统媒体渠道和新兴媒体渠道的融合互动是旅游安全媒体传播的重要现实，主流媒体、商业媒体和自媒体都可以通过传统媒体渠道和新兴媒体渠道发出安全信号，它们是开展旅游安全传播活动的重要平台基础。

旅游者对旅游安全传播信号的感知是旅游安全传播的第三阶段行为。旅游者通过媒体平台、人际环境、实际体验等方式获得关于特定事物的信息与信号。媒体选择的不同决定了信号感知的范围和效率。随着互联网技术的发展，线上媒体平台的传播速度越来越快，传播范围越来越广。旅游者不仅可以通过线上平台感知传播信号，还可以自己生产信息并进行传播，从而成为旅游安全传播信号的生产者，这是互联网时代安全传播与传统媒体时代安全传播的本质区别所在。

旅游者对传播信号的行为响应是旅游安全传播的第四阶段行为，也是传播目标是否能够达成的关键所在。旅游者的行为响应是旅游安全传播的主要目标导向。旅游者在线下平台和线上平台的感知是旅游者产生行为响应的感知基础，线上安全感知和线下安全感知存在交互关系和交互效应。旅游者的安全行为响应也包括线下实体行为响应和线上非实体行为响应两种响应方式。在现实的旅游活动中，当旅游者感知到传播主体发出的安全信息时，在个人目标、风险倾向、涉事程度等不同因素的影响下，旅游者会做出保护自身安全的行为活动，这种行为体系主要包括安全遵守行为和安全参与行为。不仅如此，旅游者还可能参与线上安全信息的传播活动，他们通过线上旅游安全信息生产和旅游安全信息分享来表达自己的安全态度和行为信念，这体现了旅游者对现实旅游安全或未来旅游安全的关注，它与旅游者线下安全行为具有同样的目标导向和行为性质。因此，旅游者的线下安全行为和线上安全沟通行为都是旅游者安全行为的重要构成。

旅游者对旅游安全传播信号的信息反馈是旅游安全传播的第五阶段行为。由旅游安全传播信号至旅游者安全行为响应的发生，既体现了旅游安全传播主体的目标方向、信号生产过程和传播结果，也包含着旅游者的行为态度和行为表现。不仅如此，旅游者的行为态度和行为表现会对传播过程产生正向或者负向干扰，旅游者产生的信息会经由自媒体等渠道反馈至传播主体，促使传播主体评估传播结果、并重新审视传播过程以及调整和优化传播过程。换言之，旅游者的传播反馈是旅游安全传播过程中的重要环节，是形成完整旅游安全传播循环的重要要素。

六、本章小结

本章研究基于文献分析和归纳推理等方法，对旅游安全传播信号与旅游者安全行为响应的结构关系进行了理论阐述，并提出了旅游安全传播与旅游者安全行为响应分析框架。研究提出：

第一，旅游安全传播的信号建构体系是由传播主体、传播情境、传播性质、传播任务和传播内容等共同构成的信号生产体系。传播主体是信号建构的发起主体，它应该系统分析传播活动的情境状态，并根据情境状态分析传播性质、设定传播任务，由此形成具体的传播内容。

第二，旅游安全传播是基于特定的媒体和途径所进行的旅游安全信息传递活动。根据所依托的技术条件，媒介渠道可以区分为传统媒介渠道和新兴媒介渠道。根据媒体平台的性质，媒体可以区分为主流媒体、商业媒体和自媒体。由于面向任务的复杂性，旅游安全传播应该倡导多元媒体的有机组合与配合。

第三，旅游者安全行为可以区分为线下安全行为和线上安全行为两种行为体系。其中，线下实体环境中的旅游者安全行为包括安全遵守行为和安全参与行为两种行为要素。同时，现实旅游者和潜在旅游者的线上安全沟通是旅游安全事件后的重要行为活动，它是互联网时代旅游者安全行为的拓展维度。

第四，旅游安全传播是一个由信号建构、信号传播、信号感知、信号响应和信号反馈所构成的五阶段过程。由此，可以提出由"传播主体（who）—传播情境（situation）—传播性质（nature）—传播任务（task）—传播内容（content）—传播渠道（channel）—感知（perception）—响应（response）"等构成的旅游安全传播与旅游者安全行为响应分析框架。

第四章　旅游安全传播信号对旅游者线下安全行为的影响机制

一、研究问题

近年来，恐怖主义活动在全球频繁发生[202]，各类社会安全风险也表现出复杂的成因结构和表现形态[203]。这种安全形势对众多旅游城市和众多重要的节事活动形成了巨大的安全挑战[114]。因此，为了保障参与者的安全，全球各地重要的国际峰会都高度重视安全保障工作。在中国，金砖峰会、上海合作组织峰会、"一带一路"国际合作高峰论坛等重要国际会议，举办城市会采取区别于日常状态的强化型安全保障行为，它会增加旅游者在旅游过程中的受检强度和频度，举办城市也会通过电视、网络、报纸等各种媒体工具进行旅游安全沟通和宣传，旅游者则会明显体验到安全保障力量的强化。在中国文化情境下，这种非惯常做法及其营造的安保环境形成了一种特殊的安全传播信号，而它对旅游者的心理和行为会造成何种影响，是一个尚未被理论检视过的研究议题。

强化型安保环境对旅游者的影响已经引起了旅游学界的重视。研究发现，旅游住宿业的公开安保对旅游者的安全感知起到正向影响[151]，大部分住宿客人接受并支持所需的一般安全特性[119]；而过于严格的安全措施（例如，金属探测器、武装部队、背景调查等）对旅游者的安全感知则起到负面影响[204, 205]，旅游者会错误地认为目的地发生了负面事件，目的地是不安全的[206]。研究发现旅游者可能愿意接受高标准的安全，但过于严格地公开安全措施所带来的不便往往会激怒他们。同时，过于严格地公开安保容易引发旅游者沮丧、害怕与紧张的情绪[119]，从而阻止旅游者的停留行为[207]。但Cruz-Milán、Simpson, J. J., Simpson, P. M., & Choi 等人（2016）的研究显示，安全保障力量的强化对旅游者安全感知的影响是正向的，人道主义危机下安全部队的增加部署能够提高目的地社区安全、生活满意度以及长期旅游者的重返意愿和推荐意见[118]。无论是过于严格的公开安全措施还是安保部队的增加部署都属于强化型安保的措施范畴，但目的地的强化型安保是向旅游者传递了一个不安全的环境信号，还是传递一个通过适当干预以确保旅游者安全的信号，旅游者会如何看待和响应这种信号，学界对这一问题的认识还并不明确。

媒体是传播安全保障信息的重要渠道，媒体传播的信号在旅游者行为影响过程中具有重要作用。现有研究表明，媒体经常在灾难中塑造不同类型的故事，媒体对特定灾难和危机的负面报道或者错误报道都可能导致目的地旅游收入的损失[6]，甚至给旅游目的地带来毁灭性的结果[165]，而媒体的正面报道和宣传能够有效促进旅游目的地的发展。因此，媒体对旅游目的地的负面和正面报道，都会对潜在旅游者形成持久的印象，进而影响旅游者的出行决策[5]。对此，大量的研究基于危机风险情境，对电视、广播、报纸、社交媒体等分类媒体对旅游者安全感、旅游意愿等的影响作用进行了具体的探索[7, 8]。但是，对于非危机情境下、媒体信号在旅游安全传播和安全行为引导中的作用机制却较少有文献探讨。比较而言，非危机情境是更为常态的情境。因此，探索媒体信号在非危机情境下的旅游安全传播机制中具有重要的现实意义和理论价值。

认知行为理论（Cognitive-behavioral theory）是在行为主义理论和认知理论的基础上发展而形成的，较具有代表性的有艾利斯（Albert Ellis）的合理情绪行为疗法[138]、梅肯鲍姆（Meichenbaum, D）的认知行为矫正技术等[139, 140]。认知行为理论将认知用于行为的修正上，强调认知在解决问题过程中的重要性，并强调内在认知与外在环境之间的互动。根据这一理论，旅游者的安全行为会受到旅游者内在安全认知和外在环境信息的影响，强化型安保会直接影响旅游者个人的安全体验并进而塑造旅游者的内在安全认知，媒体对强化型安保的宣传报道则会塑造和形成一种特有的信息环境。由于个体内在认知可能存在不足或者偏差，媒体信息能够与个人的体验认知形成互动，从而调整个体的认知结果以推动行为的改变。当然，这个过程需要重视信号效应的传递影响。信号理论（Signaling theory）是 2001 年诺贝尔经济学奖获得者斯宾塞（Spence）于 1973 年首先提出的理论，他解释了经济学的信息不对称、信息反馈与信息均衡等问题[57]。在旅游领域，信号理论被用于测试旅游者对价格和服务质量广告的反应[142]。本研究认为，行为安全问题的本质在于信息不对称，缺乏必要的信息会导致旅游者产生冒险主义行为。基于信号理论的信号效应，当旅游地针对强化型安保持续发出媒体信号时，旅游者将获得一种低成本的信息获取方式，这会使旅游者个体持续感知到安保环境所发生的变化并据此判断强化型安保的正当性。但是，在强化型安保环境下，媒体信号与个人体验信号的互动能否驱动旅游者采取积极的安全行为，这是一个尚未被探讨的具有重要实践价值的研究议题。

　　综上所述，本书将以 2017 年中国政府在厦门举办的金砖峰会作为背景事件，研究旅游地安保强化背景下媒体信号与个人体验对安全行为的影响机制。本研究的意义包括：第一，本研究将拓展旅游安保强化环境的研究情境。区别于危机情境下安保部队增加部署的个案研究[118]，本研究是对重大会议背景下旅游城市安保强化环境的拓展研究，这丰富了旅游安保强化环境的情境类型。相比之下，国际性会议是更为常态的背景情境，旅游城市针对安保强化所采取的措施类型更为丰富，旅游者接触安保强化行为的频度更高，观察安保强化行为的视角也更为直接。第二，本研究从媒体信号与个人体验信号互动的角度审视旅游安全传播的影响作用，更为符合旅游者在旅游安全传播中的现实信号环境，这是对旅游安全传播叙事环境的重要拓展。第三，本研究基于中国文化情境和在中国举办的国际性会议来开展研究，以具体探索中国旅游者安全行为在媒体信号与个人体验信号交互影响下的响应机制，这是对旅游者安全行为前导影响因素的拓展性视角。

二、研究假设

（一）旅游安全传播中的媒体信号

媒体是公众获取信息的主要来源，是旅游安全传播主体发布传播内容、形成旅游安全传播信号的介质和通道，不同类型媒体所扮演的信息传输角色和作用机制具有差异性。在某种程度上，经由媒体释放的信号是旅游安全传播信号的典型代表。其中，大众媒体主要包括电视、广播、报纸、杂志、海报等传统媒体以及社交媒体、自媒体、数字电视等数字化的新兴媒体。传统媒体和新媒体的性质结构及其信息传递形式具有差异性。根据媒体议程设置理论（Agenda-setting theory）和框架理论，主流媒体可以通过设置议程和框架向受众传递最权威的信息和内容。议程设置的主要目的是为受众确定重要的问题，引导受众的思考[145]。议程设置可以划分为第一层次（面向公众的特定问题的突出程度）和第二层次（公众对问题的思考）两个关键领域[208]。换言之，在新闻的选择和展示过程中，媒体（包括编辑、记者、广播员等）在公共舆论的塑造方面起到重要的作用[6]。媒体框架理论（Media framing theory）是对议程设置理论的扩展，所谓的框架就是新闻呈现的方式，它影响受众的信息处理；框架关注的是当前问题的本质，而不是特定的主题[146]。因此，框架是"选择和突出事件或问题的某些方面，并在它们之间建立联系以促进特定解释、评估的过程"[209]，框架也是记者、公众和利益相关者互动的结果[210]。从本质而言，媒体的框架效应是研究相关问题呈现的差异对媒体用户的态度、情绪和决策的影响[211, 212]。媒体的框架效应包括等价框架（Equivalency framing effect）和强调框架（Emphasis framing）两个类型[149]。这两个经典理论在旅游研究中的运用已有出现。例如，运用框架理论评估媒体对旅游者风险感知的影响[185]，以及新闻媒体在城市保护区可持续管理中的议程设定和框架作用[213]。通常情况下，政府机构都擅长通过媒体议程设置和框架效应来引导舆论走向。

相比之下，以网络为渠道的自媒体、社交媒体等新媒体在信息传播中具有更强的自发性、主动性和参与性。在新媒体上涌现的新闻话题和表达框架可能完全不同于主流媒体的议程设置和话题框架。因此，在传统媒体所塑造的信息环境中，新媒体为受众提供了不同于传统媒体的新选择[197]。在旅游安全传播中，传统主流媒体所释放的安保信号与新媒体平台所释放的安保信号交错传递，从而形成了混合性信号传递环境。当前时代的民众和旅游者一般都处于这种媒体信号所构成的信息环境中。随着智能手机等智能终端的普及，随时随地登录自媒体、社交媒体等新媒体平台日益成为民众的行为习惯[128]。在这种背景下，作为信息受众的旅游者对旅游地安保的感知状态既受到传统媒体的影响，也会受到新兴媒体的影响，它是多元化媒体信号综合传导所塑造和形成的结果。厦门金砖峰会对于安保强化的信息在传统媒体平台和新媒体平台都有体现。

旅游体验是区别于日常惯常生活的实践，旅游中的体验包括对远距离景观凝视的享受和参与各式文化活动的快乐[214, 215]，对安全保障水平的体验是旅游者旅游体验中的重要构成。以电视、报纸、小册子和标志等为代表的传统媒体在不受技术侵扰的情况下继续在以自然为基础的体验中发挥重要作用，但以 GPS 跟踪多媒体导览等为代表的现代技术媒体可以成为公园吸引旅游者的有效工具，并增强旅游者的个人体验[216]。在大众媒体时代，旅游吸引物可以通过虚拟现实等手段进行展示，因此不需要抵达目的地同样可以获取旅游相关的体验[217]。与传统媒体相比，解释性媒体、社交媒体、自媒体是以现代技术为支撑的新兴媒体，它们在信息搜索、消费互动、信息分享、用户个人体验等方面具有独特的优势。解释性媒体能够提高旅游者的旅游认知，减少信息搜索带来的时间成本。解释性媒体有三种绩效衡量标准，分别是解释媒体的吸引力、持有力和分散力[216]。相比之下，注重交流的社交媒体能有效促进顾客参与、提高个人体验，这使社交媒体成为激发顾客与旅游品牌互动的理想渠道[128]。注重传播的自媒体则会释放丰富、独特的信息以吸引受众[129]。显然，媒体信号塑造了旅游者外在的信息环境，它们对安保的报道会强化旅游者对实际安保水平的判断，从而提升旅游者个体对安保体验水平的判断。由此，我们可以假设：

H1a：强化型安保的媒体信号对个人安保体验具有正向影响

媒体信号对公众的感知具有显著的影响能力[132]，媒体对危机、灾难所采取的报道方式、报道内容和报道方向会影响旅游者的感知和目的地选择[6]，也会对旅游目的地形象产生深远的影响[7]。媒体报道所传输的信号会直接影响旅游者的安全与风险感知[182, 218]，媒体信息不仅有利于旅游者对目的地的理解，而且会影响他们对目的地的安全感知和评价[116, 178]。相关研究发现，公开的安保对旅游者的安全感知起到正向的影响，同时人道主义危机下安保部队部署的媒体报道对长期旅游者的安全感知起到重要且积极的影响[118]。显然，媒体是传递安全信息的有效渠道，媒体信号是旅游者形成安全感知的重要信息要素。由此，我们可以假设：

H1b：强化型安保的媒体信号对旅游者安全感知具有正向影响

安全行为可以划分为安全遵守行为（Safety compliance）和安全参与行为（Safety participation）[10, 11]。安全遵守行为是指个体为维护安全而需要执行的核心行为活动，包括遵守工作程序、穿戴安全防护设备等。安全参与行为是指个体自愿参加的安全活动，以促进安全计划的改善和提高。研究发现，安全遵守行为和参与行为对安全结果具有重要的影响，安全行为能够减少工作事故和伤害[219]。同时，如果员工相信安全行为会带来有价值的工作结果，他们将会受到激励并表现出安全遵守和安全参与的行为[220]。安全遵守和安全参与行为的定义和要素随后得到了发展和补充。不少学者认为安全遵守属于角色内的行为（In-role behavior），而安全参与行为则带有更多的自愿性，包含了额外的角色行为（Extra-role behavior）[191, 136, 192]。也有学者在安全行为的角色内行为和额外角色行为划分的基础上，强调了线上安全沟通的重要性[195]。也有研究将安全参与行为分为亲社会安全行为（Prosocial safety behaviors）和主动安全行为（Proactive behaviors）两种类型，以用于安全绩效的预测[193]。这些研究与 Neal and Griffin 早期提出的安全行为的理论研究是基本一致的。

研究显示，媒体信号不仅对受众的认知和态度水平具有显著的影响[221, 222]，它对受众的行为反应也具有显著的影响[132]。在旅游活动过程中，传统媒体和新兴媒体的融合交汇为旅游者提供了信息来源充分的外在环境。根据信号理论，媒体报道所传递的信号会潜在影响旅游者的态度，进而影响旅游者的行为[41]。旅游者的安全行为关乎旅游者的人身、财物和心理安全，是旅游者在安全情境下的重要行为响应。传统媒体和新兴媒体在传播安保强化信息时，对旅游者的安全行为也会产生潜在的影响。与缺乏媒体关注的环境相比，媒体集中报道会使公众产生更剧烈的行为反应[132]。因此，可以认为媒体信号能够激发并引导旅游者的安全遵守行为和安全参与行为。基于此，提出假设：

H1c：强化型安保的媒体信号对旅游者安全遵守行为具有正向影响

H1d：强化型安保的媒体信号对旅游者安全参与行为具有正向影响

（二）旅游者对安保强化的个人体验

个人体验是指个体亲身感受的一段经历，这个经历并不一定是我们所看到的事情的全部，但它能够以某种方式解释我们为什么相信所看到的事情[223]。本研究中的个人体验是指旅游者对强化型安保水平的体验，即正在进行的强化型安保经历。安全感知是指安保强化下旅游者对目的地安全的总体感知。研究发现，任何感知的陈述都存在着暗示的物质对象，也就是说特定的物质对象是感知陈述的逻辑基础[223]，也是感知形成的信号基础。因此，旅游者对强化型安保的个人体验是真实存在的，个人体验是安全感知的信号基础，与安全有关的个人体验信号对安全感知能够产生特定的影响。旅游者个人体验过程的停留时间、体验过程是否产生恐惧情绪、是否遭遇犯罪等经历都会影响旅游者对目的地的安全感知[179]。当然，个人体验往往是感性的，它带有一定的情感成分，旅游者与当地居民的情感关系能够预测旅游者的安全感知。一般情况下，高度情感凝聚的旅游者对旅游目的地的安全感知更高[5]。在强化型安保环境中，旅游者在交通场所、旅游景区、旅游住宿场所等旅游场所中会经历更严格、更频繁的安全检查，会看到更多的安保人员和安保器具，由此所构成的安全现象甚至成为旅游者重要的旅游体验。虽然过于严格的公开安保容易引发旅游者的害怕与紧张情绪，但是持续地增强安保投入则会带来积极影响，如安全部队长期驻扎对旅游者安全感知会产生正向影响[118]。在中国文化情境下，持续的安全保障投入会给民众和旅游者带来安全感的增加。基于此，提出假设：

H2a：强化型安保的个人体验对旅游者安全感知具有正向影响

计划行为理论认为，个体的行为受到态度（Attitude）、主观规范（Subjective Norm）、知觉行为控制（Perceived Behavioral Control）和行为意向（Behavior Intention）等因素的影响[224]。例如，George（2003）[179]的研究显示，旅游者对开普敦的安全感知是正向积极的，但旅游者对天黑后出门和使用城市公共交通却十分警惕。在这种情境下，旅游者的经验态度和旅游者对在异地资源掌握的判断会影响其行为意愿。或者说，旅游者会根据个人体验的实际情况对旅游行为作出适当的调整，从而尽量避免不安全的行为。在旅游过程中，安保强化所塑造的个人体验，会让旅游者更加关注安全，从而提高其安全意识。同时，安保强化还会形成一种安全导向的环境压力，这会推动旅游者做出相应的安全行为反应。由此，我们可以假设：

H2b：强化型安保的个人体验对旅游者安全遵守行为具有正向影响

H2c：强化型安保的个人体验对旅游者安全参与行为具有正向影响

（三）个人体验和旅游者安全感知的中介效应

旅游者的安全感知是一种综合性感知，其形成的基础既包括旅游者的个人体验[179]，也包括旅游者所接触的媒体信息环境。换言之，与安全有关的个人体验信号和媒体信号均是旅游者形成安全感知的信息基础。其中，旅游者个人对安保水平的体验经历也是旅游者形成安全感知的基础。旅游者安全感知会推动旅游者形成对旅游地的安全判断，以采取相应的行动来规避安全风险并确保自己免遭威胁[8]。在旅游过程中，旅游者会通过遵守规则和参与安全活动等来使自己处于安全的状态[60]。其中，个体的安全遵守行为具有基础性，主要表现为遵守和服从安全指令。而安全参与行为则具有自愿性，它表现为建言、分享、额外的行动。从两类行为的关系来看，了解安全规则、熟悉安全指令有利于个体开展自愿性的安全参与行为，因此安全遵守行为对安全参与行为具有支撑作用，基于此，提出假设：

H3：旅游者的安全感知正向影响旅游者的安全遵守行为（H3a）和安全参与行为（H3b）

H4：旅游者的安全遵守行为正向影响旅游者的安全参与行为

旅游者对安保水平的个人体验是旅游者自身的感受和经历，个人体验的结果往往受到个人过去的经历和个人特征等因素的影响。混合性媒体环境是旅游者重要的信息来源，是旅游者个人体验的外在信息环境。媒体信号对个人体验具有较强的影响，旅游者从媒体信号的获取到安全行为的形成，包含了信息接收、信息整合、信息处理、意识判断、认知态度、行为反应等复杂的影响过程[225, 226]。媒体信号推动了个人体验过程的信息获取与信息整合，从而促进个人形成新的行为判断[227]。同时，由于外在的信息环境具有前导影响作用[228]，因此安保强化的媒体信号会影响旅游者个人对安保体验水平的感知，并进而传导影响旅游者的安全感知水平。如前所述，旅游者的安全感知会影响旅游者的安全行为响应。因此，安全强化的媒体信号会影响旅游者个人的安保体验和安全感知，并会进一步推动旅游者采取相应的安全行为。由此，我们可以假设：

H5：强化型安保的个人体验和旅游者安全感知在媒体信号与旅游者安全参与行为间存在多重中介效应

由此，研究构建了强化型安保媒体信号和个人体验在旅游者安全感知和安全行为间的交互影响模型，具体如图 4.1 所示。

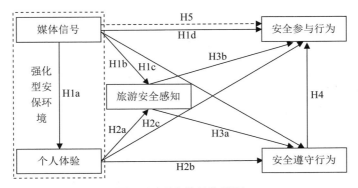

图 4.1　研究的总体模型

三、研究设计

（一）案例背景

2017 年 9 月 3—5 日金砖国家领导人第九次会晤在厦门举行。为强化金砖峰会的安全保障工作，厦门举全市之力加强城市安保力量的部署，相关的安保工作于 2016 年年底即开始运作，公共场所和旅游场所全面强化安保检查。2017 年 8 月，经由铁路进入厦门的旅客需要进行二次安检。厦门市公共场所和旅游场所也开展了强化型安保措施，重要场所周边区域的井盖进行排爆处理，严格执行武警执勤站岗制度，加强公共场所的巡逻保安力量。与此同时，厦门市星级酒店、旅游景区、休闲购物等旅游场所对住客来访登记、物品安检、治安巡逻等安保环节进行了全面强化和升级，具体的强化型安保措施如表 4.1 所示。

表 4.1 厦门金砖峰会强化型安保措施

内容\n场所	强化型安保措施
公共场所	● 提前 10 个月启动强化型安全保障工作； ● 城市各区开展平安厦门创建活动，公共场所加强巡逻力量； ● 各类企业开展安全生产严格排查和整治行动； ● 峰会前，经铁路进入厦门的旅客实施二次安检，安检方式比日常更严格； ● 厦门国际会议中心及周边所有的井盖进行排爆，并每日巡查。
旅游场所	1.酒店：对金砖国家团队入驻的酒店进行排爆 ● 酒店前台严格核对住客身份信息； ● 酒店大堂电梯入口处设立刷卡闸机，配备安检设备，并由保安员和后勤工作人员共同值台，核对住客的身份信息； ● 客房楼层安装门禁系统，确保非住客不能随意进入酒店后区； ● 酒店配备防暴器材，保安部定期开展防恐演练。 2.景区：严格执行市公安局反恐防范二级响应要求 ● 在景区门岗、旅游者服务中心、观光车等窗口部位配备安保人员，强化旅游者入园检查工作，重点检查旅游者寄存放物品、携带行李、进出车辆等； ● 依据反恐要求，景区加强配备控暴盾牌、橡胶警棍、警用钢叉、抓捕器等多种防暴器材，并在车道、售票处、旅游者服务中心、景区内各防控点设置相应器材； ● 增加一倍力量参与治安巡查，防暴巡逻小组携带全部装备加强对主要景点和人员密集场所的防暴巡逻。

来源：根据旅游场所的文件资料与工作人员的访谈综合整理。

（二）观测量表设计

测量量表总共包括媒体信号、个人安保体验、旅游者安全感知、安全遵守行为和安全参与行为 5 个变量模块。变量的测量问项均参考了以往的研究文献和成熟的测量问卷。

表 4.2　测量问卷及参考来源

问卷模块	题项编码	测量题项	参考来源
媒体信号	MS1	我经常在电视上看到厦门加强安保工作的报道	Kim & Park, 2017[229]；Cruz-Milán, et al, 2016[118]
	MS2	我经常在网络上看到厦门加强安保工作的信息	
	MS3	我经常在报纸上看到厦门加强安保工作的信息	
	MS4	新闻媒体关于厦门加强安保工作的报道很多	
个人安保体验	PE1	厦门各车站安检很严格	Rittichainuwat, 2013[207]
	PE2	厦门街头的巡逻警察数量多	
	PE3	厦门的交通安全管理很严格	
	PE4	厦门的景区安全工作很到位	
	PE5	厦门的酒店安全工作很到位	
旅游安全感知	SP1	我觉得厦门是个安全的旅游地	George, 2010[230]
	SP2	我觉得厦门跟其他旅游地一样安全	
	SP3	其他游客告诉我厦门是个安全的旅游地	
	SP4	我觉得在厦门旅游不需要担心人身安全	
	SP5	我觉得我不需要告诉其他人在厦门要注意安全	
安全遵守行为	SCB1	在旅游过程中，我会确保自己处于安全状态	Griffin & Neal, 2000[10]；Griffin & Neal, 2006[11]
	SCB2	在旅游过程中，我会使用所有必要的安全设备	
	SCB3	在旅游过程中，我会遵守安全制度和程序	
安全参与行为	SPP1	在旅游过程中，我会提醒他人遵守安全制度和程序	
	SPP2	在旅游过程中，我会自愿主动宣传安全措施	
	SPP3	在旅游过程中，我会积极向其他游客提供安全帮助	
	SPP4	在旅游过程中，我会向旅游地提出安全建议	

媒体信号参考了 Kim & Park（2017）[229] 的媒体渠道分类方式和 Cruz-Milán O，Simpson J J，Simpson P M，et al.（2016）[118] 在 Awareness of security forces 量表中的新闻报道问项，并结合厦门安保的宣传方式，最终形成了电视渠道信息、网络渠道信息、报纸渠道信息和新闻报道信息 4 个问项。

安保个人体验变量参考了 Rittichainuwat（2013）[207] 的 Items of Perceptions Toward Overt Safety Measure and Travel Information，形成了车站安检、巡逻警察、交通安保、景区安保、酒店安保 5 个问项。

旅游安全感知的测量题项借鉴了 George（2010）关于旅游者对旅游地犯罪安全感知的测量量表[230]，并根据本研究对旅游安全感知的定义对题项的语言做了正向化处理，共包括旅游地安全性、安全性对比、旅游地安全信息的传递、人身安全的担忧、提示他人关注人身安全 5 个问项。

安全行为模块参考了尼尔和格里芬的安全行为量表[10, 11]，并根据旅游场景进行了改动，包括安全遵守行为和安全参与行为两个维度。安全遵守行为包括确保自身安全、安全设备使用、安全制度遵守 3 个问项；安全参与行为包括主动宣传安全、提供安全帮助、安全建议 3 个问项。

问卷中所有的问项均根据厦门安保的实际情况进行了调适，以符合问卷被试对象的实际认知。调查问卷采用的所有测量项目均采用李克特 7 分量表，其中 1 表示完全不同意，7 表示完全同意[185]。测量问卷及参考来源如表 4.2 所示。

（三）数据采集与样本结构

1. 预调研样本

2017 年 6 月，研究人员在厦门的世界文化遗产景区鼓浪屿对来访旅游者进行了预试问卷调查，共发放 200 份问卷，回收有效问卷 185 份。预调研样本结构如表 4.3 所示。研究通过 SPSS21.0 对预试数据进行信效度检验。结果表明，初试问卷整体的 α 系数为 0.854，媒体报道、个人体验、安全感知、安全遵守行为和安全参与行为等各分量表的 α 系数值分别为 0.891、0.841、0.818、0.812、0.817，均大于 0.7。媒体报道、个人体验、安全感知、安全遵守行为和安全参与行为等各分量表的 KMO 值分别为 0.815、0.787、0.740、0.711、

0.783，均大于 0.6。各维度观测题项的因子载荷值也均大于 0.5，表明问卷具有良好的可靠性和有效性。预调研信效度分析结果如表 4.4 所示。

表 4.3 预调研样本结构

人口统计变量（N=185）		人数（人）	所占百分比（%）
性别	男	79	42.70
	女	106	57.30
年龄	"00后"	4	2.16
	"90后"	110	59.46
	"80后"	51	27.57
	"70后"	15	8.11
	"60后"	3	1.62
	"50后"及"50前"	2	1.08
学历	初中及以下	8	4.32
	高中/中专	38	20.54
	专科	44	23.78
	本科	87	47.03
	硕士及硕士以上	8	4.32
职业	企业职员	45	24.32
	政府公务员	11	5.95
	教育科研人员	11	5.95
	个体经营者	19	10.27
	军人	3	1.62
	在校学生	54	29.19
	专业技术人员	8	4.32
	自由职业者	18	9.73
	离退休人员	3	1.62
	其他	13	7.03

续表

人口统计变量（N=185）		人数（人）	所占百分比（%）
月收入	小于等于2500元	53	28.65
	2501~5000元	52	28.11
	5001~10000元	68	36.76
	10001~20000元	10	5.41
	20000元以上	2	1.08

表 4.4　预调研信效度分析

维度	题项	均值	标准偏差	共同度	因子载荷	特征根	% of Variance	Cronbach's Alpha	KMO
媒体信号	MS1	4.10	1.441	0.718	0.807	5.733	12.832	0.891	0.815
	MS2	4.17	1.507	0.787	0.850				
	MS3	3.94	1.502	0.725	0.824				
	MS4	4.17	1.437	0.793	0.881				
个人安保体验	PE1	5.36	1.270	0.525	0.680	2.592	27.126	0.841	0.787
	PE2	4.75	1.372	0.603	0.704				
	PE3	4.90	1.258	0.749	0.849				
	PE4	4.91	1.293	0.571	0.675				
	PE5	5.03	1.329	0.716	0.817				
旅游安全感知	SP1	5.16	1.214	0.624	0.657	1.263	11.749	0.818	0.740
	SP2	5.02	1.184	0.523	0.659				
	SP3	4.92	1.266	0.615	0.664				
	SP4	4.53	1.414	0.737	0.832				
	SP5	4.10	1.502	0.583	0.753				
安全遵守行为	SCB1	5.94	1.104	0.754	0.858	2.369	6.689	0.812	0.711
	SCB2	5.35	1.207	0.699	0.828				
	SCB3	6.06	1.030	0.760	0.856				

续表

维度	题项	均值	标准偏差	共同度	因子载荷	特征根	% of Variance	Cronbach's Alpha	KMO
安全参与行为	SPP1	5.03	1.224	0.616	0.777	1.512	9.073	0.817	0.783
	SPP2	4.59	1.278	0.733	0.832				
	SPP3	5.13	1.110	0.658	0.754				
	SPP4	4.52	1.391	0.679	0.788				

2. 正式调研样本

2017 年 8—9 月，研究人员在厦门鼓浪屿、集美学村、南普陀、曾厝垵等知名景点对来访旅游者进行了正式问卷调查，调研过程采用了方便调查方法，共发放问卷 450 份，回收有效问卷 375 份。正式调研的样本结构如表 4.5 所示。

表 4.5　正式样本结构

人口统计变量（N=375）		人数（人）	所占百分比（%）
性别	男	163	43.5
	女	212	56.5
年龄	"00 后"	68	18.1
	"90 后"	197	52.5
	"80 后"	67	17.9
	"70 后"	35	9.3
	"60 后"	7	1.9
	"50 后"及"50 前"	1	0.3
学历	初中及以下	26	6.9
	高中／中专	102	27.2
	专科	71	18.9
	本科	154	41.1
	硕士及硕士以上	22	5.9

人口统计变量（N=375）		人数（人）	所占百分比（%）
职业	企业职员	71	18.9
	政府公务员	13	3.5
	教育科研人员	30	8.0
	个体经营者	21	5.6
	军人	2	0.5
	在校学生	147	39.2
	专业技术人员	10	2.7
	自由职业者	30	8.0
	离退休人员	3	0.8
	其他	48	12.8
月收入	小于等于 2500 元	147	39.2
	2501~5000 元	115	30.6
	5001~10000 元	87	23.2
	10001~20000 元	20	5.3
	20000 元以上	6	1.6

（四）数据分析

本研究的数据分析由四个步骤组成。第一步，使用 SPSS 软件进行描述性统计分析，对正式调研样本进行信度和效度检验。第二步，使用 AMOS17.0 提供的结构方程模型进行验证性因子分析和区别效度分析。第三步，使用 SPSS 的 PROCESS 宏插件进行多重链式中介效应的检验。第四步，使用 PROCESS 宏插件基于回归分析的思路进行分析，能够检验各种中介模型和调节模型以及较为复杂的中介和调节组合模型[231]。

四、假设论证

（一）信效度检验

研究使用了 SPSS21.0 对正式调研数据进行了描述性统计分析以及信度和效度检验。信度和效度检验结果表明，媒体报道、个人体验、安全感知、安全行为（遵守行为和参与行为）等各分量表的 α 系数值分别为 0.930、0.846、0.881、0.747、0.863，均大于 0.7。同时，各测量项目与总分的共同度值均在 0.5 以上。量表的维度变量中，媒体信号的 KMO 检验值为 0.849，个人体验的 KMO 检验值为 0.844，安全感知的 KMO 检验值为 0.783，安全遵守行为和安全参与行为的 KMO 检验值为 0.681、0.823。各变量维度的 KMO 值均大于 0.6，因此适合做因子分析。从整个量表来看，量表整体的 α 系数值为 0.901，Hotelling's T^2 检验的 F 值为 44.207（P < 0.001），KMO 检验值为 0.877（P < 0.001）。这说正式明问卷量表具有较高的一致性和可靠度，信度分析符合真分数测量理论假设。

（二）验证性因子分析

研究进一步使用 AMOS21.0 进行验证性因子分析。在使用 AMOS 软件进行结构方程检验时，一般需使用 χ^2/df（p>0.05）、RMSEA（<0.08）、SRMR /RMR（<0.08）、GFI（>0.9）、AGFI（>0.8）等绝对适配度指数，NFI（>0.9）、RFI（>0.9）、IFI（>0.9）TLI（NNFI）（>0.9）、CFI（>0.9）等增值适配度指数和 PNFI（>0.5）等简约适配度指数来进行判断[232]。

研究使用 AMOS21.0 进行整体模型修正与假设检验。结果表明，整体模型的拟合指数（χ^2/df=2.175、RMSEA=0.056、RMR=0.068、GFI=0.918、AGFI=0.886、NFI=0.921、RFI=0.901、IFI=0.956、TLI=0.944、CFI=0.956、PNFI=0.733）均具有较好的适配性[5]。统计分析结果表明，所有观测变量的因子载荷符合大于 0.5 的剔除标准。各因子维度的平均变异抽取量均大于 0.5，其中媒体信号的平均抽取量大于 0.7，表明问卷数据具有较好的建构效度。同时，问卷传统的 α 系数值与 CFA 中的组合信度（CR）非常接近，进一步说明问卷具有较高的内部一致性。可见，CFA 的各类拟合指数均达到参考值的要求，因子模型与实际数据拟合良好，可以用于研究假设的验证（见表 4.6）。

表 4.6　描述性统计和验证性因子分析（N=375）

维度	编码	均值	标准差	因子载荷	T-value	AVE	CR
媒体信号	MS1	4.49	1.308	0.868	—	0.773	0.932
	MS2	4.63	1.326	0.889	22.818		
	MS3	4.38	1.263	0.876	13.754		
	MS4	4.50	1.330	0.883	13.519		
个人安保体验	PE1	5.44	1.311	0.744	—	0.515	0.840
	PE2	5.30	1.278	0.677	11.670		
	PE3	5.33	1.333	0.785	13.711		
	PE4	5.20	1.304	0.759	13.502		
	PE5	5.26	1.342	0.607	10.561		
旅游安全感知	SP1	5.57	1.204	0.837	—	0.551	0.857
	SP2	5.64	1.184	0.789	17.583		
	SP3	5.61	1.229	0.798	13.034		
	SP4	5.57	1.298	0.715	10.463		
	SP5	5.60	1.286	0.531	9.185		
安全遵守行为	SCB1	6.10	1.048	0.716	—	0.513	0.786
	SCB2	5.72	1.201	0.642	10.411		
	SCB3	6.20	0.963	0.784	11.584		
安全参与行为	SPP1	5.48	1.287	0.740	—	0.615	0.865
	SPP2	5.19	1.308	0.832	15.268		
	SPP3	5.43	1.177	0.786	14.513		
	SPP4	5.08	1.325	0.777	14.339		

（三）相关分析与区别效度

研究对核心变量之间的相关关系进行了统计分析，结果表明各变量之间均存在显著的相关关系，其关系符合理论预期。区分效度（Discriminant validity）的检验表明，各变量 AVE 的平方根均大于该变量与其他变量之间的相关系数，说明各变量之间具有较好的区分度。研究对媒体信号与个人体验的均值水平进行了配对样本 T 检验，结果表明个人安保体验的感知水平显著高于媒体信号的感知水平（T=12.712，P<0.001）。研究还对安全遵守行为和安全参与行为的均值水平进行了配对样本 T 检验，结果表明安全遵守行为的感知水平显著高于安全参与行为的感知水平（T=13.766，P<0.001），见表 4.7。

表 4.7 各变量的描述性统计及区别效度检验

变量	均值	标准差	1	2	3	4	5
1.媒体信号	4.503	1.188	（0.879）				
2.个人体验	5.305	1.033	0.473***	（0.717）			
3.安全感知	5.600	1.022	0.324***	0.593***	（0.742）		
4.安全遵守行为	6.006	0.876	0.284***	0.449***	0.436***	（0.716）	
5.安全参与行为	5.295	1.074	0.334***	0.442***	0.398***	0.583***	（0.784）

注：对角线为 AVE 的平方根；*** 表示 P<0.001。

（四）假设检验

1. 直接效应检验

为了对各变量间的直接影响关系和中介效应进行检验，本研究通过 SPSS 的 PROCESS 宏插件模型 6 进行运算和检验分析。Bootstrap 取样方法采用偏差校正非参数估计百分位法，重复抽样 5000 次，计算 95% 的置信区间。初始模型以媒体信号为自变量，以安全参与行为为因变量，以个人体验、安全感知、安全遵守行为为中介变量，得到模型 1~4 的分析结果。考虑到完全中介效应可能使变量间的直接效应在整体模型中不再显著，因此本研究进一步以媒体信号为自变量，以安全参与行为为因变量，以安全感知、安全遵守行为为中介变量进行了第二次 Bootstrap 检验，得到模型 5~7 的分析结果。

各变量的总效应和直接效应结果如表 4.8 所示。在模型 1~4 的分析结果中，媒体信号对个人体验具有显著影响（β=0.3497，$P<0.001$），假设 H1a 获得支持；媒体信号对安全参与行为具有显著影响（β=0.1281，$P<0.01$），假设 H1d 获得支持；个人体验对安全感知具有显著影响（β=0.4868，$P<0.001$），假设 H2a 获得支持；个人体验对安全遵守行为具有显著影响（β=0.1132，$P<0.05$），假设 H2b 获得支持；个人体验对安全参与行为具有显著影响（β=0.1382，$P<0.05$），假设 H2c 获得支持；安全感知对安全遵守行为（β=0.3105，$P<0.001$）和安全参与行为（β=0.1230，$P<0.05$）均具有显著影响，假设 H3a 和 H3b 均获得支持；安全遵守行为对安全参与行为具有显著影响（β=0.4334，$P<0.001$），假设 H4 得到支持。

表 4.8　总效应与直接效应分析

路径			β	SE	T	P	BootLLCI	BootULCI	R^2	模型
媒体信号	→	个人体验	0.3497	0.0412	8.4862	0.000	0.2687	0.4308	0.1618	Mode1
媒体信号	→	安全感知	0.0654	0.0414	1.5801	0.1149	−0.0160	0.1467	0.2782	Mode2
个人体验			0.4868	0.0476	10.2319	0.000	0.3932	0.5803		
媒体信号	→	安全遵守行为	0.0628	0.0367	1.7106	0.0880	−0.0094	0.1351	0.2329	Mode3
个人体验			0.1132	0.0477	2.3738	0.0181	0.0194	0.2069		
安全感知			0.3105	0.0459	6.7668	0.000	0.2203	0.4008		
媒体信号	→	安全参与行为	0.1281	0.0429	3.9885	0.0030	0.0438	0.2124	0.3123	Mode4
个人体验			0.1382	0.0558	2.4766	0.0137	0.0285	0.2480		
安全感知			0.1230	0.0565	2.1765	0.0302	0.0119	0.2342		
安全遵守行为			0.4334	0.0603	7.1835	0.000	0.3148	0.5521		
媒体信号	→	安全感知	0.2356	0.0428	5.5037	0.000	0.1514	0.3198	0.0751	Mode5
媒体信号	→	安全遵守行为	0.0904	0.0351	2.5773	0.0103	0.0214	0.1593	0.2212	Mode6
安全感知			0.3616	0.0408	8.8642	0.0000	0.2814	0.4418		

续表

路径			β	SE	T	P	BootLLCI	BootULCI	R^2	模型
媒体信号	→	安全参与行为	0.1601	0.0411	3.8906	0.0001	0.0792	0.2410	0.3009	Mode7
安全感知			0.1788	0.0522	3.4245	0.0007	0.0761	0.2815		
安全遵守行为			0.4517	0.0603	7.4914	0.0000	0.3331	0.5703		

如表 4.8 中模型 5~7 的分析结果所示，在不考虑个人体验的情况下，媒体信号对安全感知具有显著的直接影响（β=0.2356，$P<0.001$），因此假设 H1b 得到支持。媒体信号对安全遵守行为具有显著的直接影响（β=0.0904，$P<0.001$），因此假设 H1c 得到支持。综合模型 1~7 的分析结果表明，个人体验在媒体信号与安全感知、媒体信号与安全遵守行为间具有完全中介效应，个人体验在媒体信号与安全参与行为间具有部分中介效应。

2. 中介效应检验

本研究对媒体信号与安全参与行为间的多重中介效应进行了探索。如表 4.9 所示，媒体信号对安全参与行为的总效应值为 0.2815（$P<0.001$），直接效应为 0.1281（$P<0.01$）。因此，媒体信号与安全参与行为间存在部分中介效应，总体中介效应为 0.1534（CI=0.0768，0.1857），多重中介效应占比 54.49%（0.1534÷0.2815×100%）。研究进一步对媒体信号与安全参与行为间的中介路径进行了分析。结果表明，Ind1（媒体信号→个人体验→安全参与行为）、Ind4（媒体信号→个人体验→安全感知→安全参与行为）、Ind5（媒体信号→个人体验→安全遵守行为→安全参与行为）、Ind7（媒体信号→个人体验→安全感知→安全遵守行为→安全参与行为）等路径存在显著的中介效应。可见，媒体信号与安全参与行为之间存在多重中介效应。由此，假设 H5 获得支持。至此，本研究所提出的假设 H1、H2、H3、H4 和 H5 全部获得支持。

表 4.9　个人体验、安全感知、安全遵守行为在媒体信号与安全参与行为间的中介效应

		Effect	SE	T	P	BootLLCI	BootULCI
总效应	媒体信号→安全参与行为	0.2815	0.0445	6.3329	0.000	0.1941	0.3689
直接效应	媒体信号→安全参与行为	0.1281	0.0429	2.9885	0.0030	0.0438	0.2124
间接效应	媒体信号→安全参与行为（total）	0.1534	0.0297	—	—	0.0989	0.2176
	Ind1	0.0483	0.0241	—	—	0.0053	0.1009
	Ind2	0.0080	0.0084	—	—	−0.0039	0.0288
	Ind3	0.0272	0.0164	—	—	−0.0035	0.0608
	Ind4	0.0209	0.0113	—	—	0.0002	0.0449
	Ind5	0.0172	0.0092	—	—	0.0009	0.0376
	Ind6	0.0088	0.0072	—	—	−0.0041	0.0247
	Ind7	0.0229	0.0069	—	—	0.0118	0.0394

注：Ind1：媒体信号→个人体验→安全参与行为。Ind2：媒体信号→安全感知→安全参与行为。Ind3：媒体信号→安全遵守行为→安全参与行为。Ind4：媒体信号→个人体验→安全感知→安全参与行为。Ind5：媒体信号→个人体验→安全遵守行为→安全参与行为。Ind6：媒体信号→安全感知→安全遵守行为→安全参与行为。Ind7：媒体信号→个人体验→安全感知→安全遵守行为→安全参与行为。

如图 4.2 所示，媒体信号对安全参与行为的直接影响在总影响中占比为 45.51%（0.1281÷0.2815×100%）。其间接影响主要通过旅游者的个人体验承接，并通过多重中介效应传递给旅游者的安全遵守行为和安全参与行为。

为了比较个人体验在媒体信号中的影响力，研究在不考虑个人体验的情况下，对安全感知、安全遵守行为在媒体信号与安全参与行为之间的中介效应进行进一步分析。结果如表 4.10 和图 4.3 所示，媒体信号与安全参与行为之间的总效应为 0.2815（P<0.001），直接效应为 0.1601（P<0.01），多重中介效应占比为 43.12%（0.1214÷0.2815×100%）。其中，中介路径"媒体信号→安全感知→安全参与行为""媒体信号→安全遵守行为→安全参与行

为""媒体信号→安全感知→安全遵守行为→安全参与行为"等都显著成立。可见，媒体信号与安全参与行为之间存在部分中介效应。

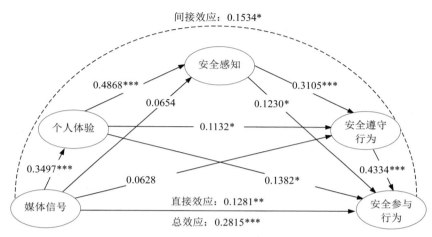

图 4.2　媒体信号与安全参与行为的多重中介路径

表 4.10　安全感知、安全遵守行为在媒体信号、安全参与行为间的中介效应

		Effect	BootSE	T	P	BootLLCI	BootULCI
总效应	媒体信号→安全参与行为	0.2815	0.0445	6.3329	0.0000	0.1941	0.3689
直接效应	媒体信号→安全参与行为	0.1601	0.0411	3.8906	0.0001	0.0792	0.2410
间接效应	媒体信号→安全参与行为（Total）	0.1214	0.0252	—	—	0.0762	0.1752
	Ind1	0.0421	0.0161	—	—	0.0152	0.0772
	Ind2	0.0408	0.0164	—	—	0.0101	0.0750
	Ind3	0.0385	0.0106	—	—	0.0203	0.0625

注：Ind1，媒体信号→安全感知→安全参与行为。Ind2，媒体信号→安全遵守行为→安全参与行为。Ind3，媒体信号→安全感知→安全遵守行为→安全参与行为。

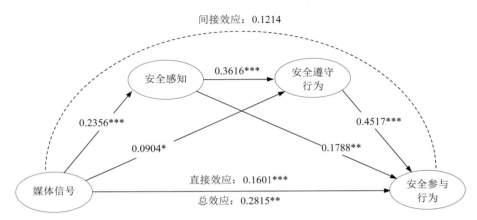

图 4.3　媒体信号、安全感知、安全遵守、安全参与行为间的中介路径

　　为了分析个人体验对安全行为的影响，本研究在不考虑媒体信号的情况下，对安全感知、安全遵守行为在个人体验与安全参与行为间的中介效应进行了分析。研究结果如表 4.11 和图 4.4 所示，个人体验与安全参与行为之间的总效应为 0.3923（P<0.001），直接效应为 0.1885（P<0.01），多重中介效应占比为 51.95%（0.2038÷0.3923×100%）。其中，中介路径"个人体验→安全感知→安全参与行为""个人体验→安全遵守行为→安全参与行为""个人体验→安全感知→安全遵守行为→安全参与行为"等都显著成立。可见，表明个人体验与安全参与行为之间存在部分中介效应。

表 4.11　安全感知、安全遵守行为在个人体验、安全参与行为间的中介效应分析

		Effect	BootSE	T	P	BootLLCI	BootULCI
总效用	个人体验→安全参与行为	0.3923	0.0498	7.8743	0.0000	0.2944	0.4903
直接效应	个人体验→安全参与行为	0.1885	0.0538	3.5051	0.0005	0.0828	0.2943
间接效应	个人体验→安全参与行为（Total）	0.2038	0.0378	—	—	0.1326	0.2805
	Ind1	0.0678	0.0324	—	—	0.0028	0.1319

续表

		Effect	BootSE	T	P	BootLLCI	BootULCI
间接效应	Ind2	0.0624	0.0256	—	—	0.0174	0.1186
	Ind3	0.0736	0.0177	—	—	0.0449	0.1148

注：Ind1：个人体验→安全感知→安全参与行为。Ind2：个人体验→安全遵守行为→安全参与行为。Ind3：个人体验→安全感知→安全遵守行为→安全参与行为。

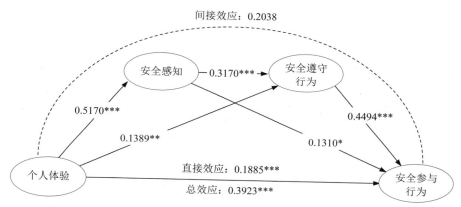

图4.4　个人体验、安全感知、安全遵守、安全参与行为间的中介路径

五、本章小结

　　强化型安保环境是旅游场景中的重要环境元素，但是学界对非危机情境下强化型安保及以其为基础所开展的旅游安全传播活动涉猎甚少。在这种场景下，旅游安全传播信号对旅游者安全行为具有的诱导作用及其过程机制尚未被系统检验。本研究基于中国文化情境、以2017年中国政府举办的厦门金砖峰会作为背景事件进行了研究。研究以认知行为理论和信号理论等为理论基础，探索和验证了重大会议活动背景下旅游安全传播与旅游者线下安全行为的响应机制。厦门金砖会议的案例研究表明，厦门在公共场所和旅游场所增加安保人员和安保设施，增加安全检查的环节和频率，并通过媒体宣传来

营造强化型安保氛围。在厦门案例中，游客对这种强化型安保环境具有较高的感知识别性，它是影响游客行为体验的重要环境情境。

研究结果表明，强化型安保的媒体信号对旅游者的个人安保体验、安全感知、安全遵守行为以及安全参与行为都具有正向影响；强化型安保的个人体验对旅游者安全感知、安全遵守行为以及安全参与行为也都具有正向影响；旅游者的安全感知正向影响旅游者的安全遵守行为和安全参与行为，同时，旅游者的安全遵守行为正向影响旅游者的安全参与行为。此外，强化型安保的个人体验和旅游者安全感知在媒体信号与旅游者安全参与行为间存在多重中介效应。从影响过程来看，媒体信号与安保体验信号是通过"媒体信号→个人体验→安全感知→安全行为（遵守行为、参与行为）"这一链式路径发挥作用的。研究发现，强化型安保的个人体验对旅游者安全感知和安全行为的驱动作用强于媒体信号；安全感知在媒体信号与旅游者安全行为响应间具有重要的支撑作用，旅游者对旅游地安全的整体感知判断是推动旅游者安全行为的重要条件。由此可见，研究 H1a、H1b、H1c、H1d、H2a、H2b、H2c、H3a、H3b、H4、H5 均获得支持。

表 4.12　研究假设与验证结果

假设		假设内容	验证结果
H1	H1a	强化型安保的媒体信号对个人安保体验具有正向影响	支持
	H1b	强化型安保的媒体信号对旅游者安全感知具有正向影响	支持
	H1c	强化型安保的媒体信号对旅游者安全遵守行为具有正向影响	支持
	H1d	强化型安保的媒体信号对旅游者安全参与行为具有正向影响	支持
H2	H2a	强化型安保的个人体验对旅游者安全感知具有正向影响	支持
	H2b	强化型安保的个人体验对旅游者安全遵守行为具有正向影响	支持
	H2c	强化型安保的个人体验对旅游者安全参与行为具有正向影响	支持
H3		旅游者的安全感知正向影响旅游者的安全遵守行为（H3a）和安全参与行为（H3b）	支持
H4		旅游者的安全遵守行为正向影响旅游者的安全参与行为	支持
H5		强化型安保的个人体验和旅游者安全感知在媒体信号与旅游者安全参与行为间存在多重中介效应	支持

研究表明，中国游客认可和接受重大会议背景下旅游地所采取的强化型安保措施。旅游地政府通过媒体信号和环境体验信号建构起强化型安保环境，它向中国游客传递了积极、正面和安全的信号，并驱动中国游客采取安全遵守和安全参与等积极的行为活动。这一结论与 Cruz–Milán（2016）[118] 等学者的研究一致，但与 Enz & Taylor（2002）[204] 针对住宿场所的研究结论相反。本研究表明，在旅游地针对公共场所和旅游场所全面强化安保措施的背景下，中国旅游者并没有被明显激怒，相反，中国旅游者提升了对旅游地安全水平的感知评价，并通过积极的安全遵守行为和安全参与行为来响应强化型安保环境。因此，在中国文化情境下，强化型安保环境有利于提升中国旅游者的积极安全感知并驱动中国旅游者的积极安全行为。

第五章 旅游安全传播信号对旅游者线上安全沟通行为的影响机制

一、研究问题

近年来，重大安全事件所形成的旅游危机频繁发生[118, 202]，它对旅游者、旅游企业和旅游地所造成的影响越来越具有综合性和广泛性。媒体在旅游危机传播中具有独特的作用，媒体报道所传递的正面或负面信号对旅游者的安全感、旅游意愿以及旅游地的旅游形象、旅游市场、旅游收入等具有多层次影响[6, 7, 233]。随着互联网技术和智能手机等媒体终端的发展，线上媒体（Online media）在旅游危机传播中的作用也逐渐引起重视[128]。相比于传统时代，民众和旅游者可以随时随地登录自媒体、社交媒体等线上媒体平台，这使线上媒体平台的信息传播速度和传播声量远远大于传统时代，这种技术背景下的危机传播很容易形成舆情危机等二次危机的产生，并可能对事发地形象和客源市场造成更为严重的影响[8]。从微观来看，媒体对旅游危机的报道可能对潜在旅游者形成持久的印象，进而影响旅游者的出行决策[5]。其中，媒体对危机报道所形成的报道数量将建构成具有指标意义的声量信号，这一声量信号体现了不同媒体和信息提供者对特定危机事件的关注强度和响度。但显然，危机情境下的线上媒体（Online media）声量信号不同于传统的线下媒体（Offline media）声量信号。在互联网时代，厘清旅游危机在线上环境中的传播机制，对于科学调控旅游危机的线上舆情、保护危机情境下的旅游市场发展具有重要的实践意义。但是，由于缺乏大数据基础，旅游危机线上媒体声量的相关研究一直较为缺乏，推进这一领域的研究，将为旅游危机管理提供新的研究方向和数据类型。

　　旅游危机传播对旅游者行为的影响是旅游危机研究中的重要议题[63,95]。从危机事件的媒体报道到旅游者形成风险感知、再到旅游者出游决策的形成过程是一个复杂的过程。从安全行为的视角来看，旅游者在真实旅游场景下会表现出安全遵守和安全参与等旅游安全行为[60]，以维护个体旅游活动的安全。在旅游意愿决策中，一般旅游者会表现出避险举动[8]，当然也有危机抵抗型旅游者可能依然采取前往旅游地的行为举动[234]，这使旅游者的行为活动和旅游意愿表现出较强的复杂性。总体上，旅游危机传播的传统研究主要是基于现实旅游者的感知调查来进行的实证探索。但是，在互联网时代，潜在旅游者在线上媒体平台也表现出丰富的线上行为活动[8]，而学界对潜在旅游者的线上行为活动还缺乏系统的识别，对线上行为活动的作用机制也缺乏明确的实证案例。在旅游危机情境下，线上参与者的行为活动对于旅游危机的发展和旅游市场的走向具有重要影响[235]。但在旅游危机的线上传播过程中，潜在旅游者在线上媒体平台上会如何表达其安全行为，旅游危机的线上传播信号是否会影响潜在旅游者的安全沟通行为，其影响过程如何发生，这些都是值得探讨的理论问题，而学界对其尚未形成系统的理论认知，在理论上对其进行探索有助于旅游企业和旅游地科学地开展互联网时代的旅游危机管理，维护危机情境下的旅游市场发展。

　　为了对以上理论议题进行回应，本书将以泰国沉船事件作为背景事件、对旅游危机情境下线上媒体信号对潜在旅游者线上安全沟通行为的影响机制进行系统探索。其理论意义和价值包括：（1）对旅游危机线上传播过程中潜在旅游者的安全线上行为进行系统识别，厘清线上安全沟通行为的主要维度，为危机情境下的舆情管理和市场分析提供行为基础；（2）对线上媒体信号与潜在旅游者线上安全沟通行为的动态影响关系进行实证探索，揭示其过程机制；（3）区别于传统的问卷调查数据，研究将基于变量维度的声量数据进行时间序列检验，以识别各变量间的动态影响关系，为旅游危机管理研究提供新的数据形式和研究方式。

二、研究假设

（一）信号理论

信号理论（Signaling theory）是 2001 年诺贝尔经济学奖获得者斯宾塞（Spence）提出的理论，这一理论解释了经济学的信息不对称、信息反馈与信息均衡等问题[57]。信号是运载消息的工具，也可以理解为信息的载体。按照媒体介质，它包括电视、广播、网络等媒体信号、通信信号以及其他信号。一般而言，信号的可信度与投入成本成正比，当信号成本的大小取决于发送者的潜在质量时，则信号具有信息性。研究发现，信号发送者的经验能力和接收者的信号需求影响了信号效果，发送者可以通过调整信号强度来提高有效性[130]。在公众传播中，信号的接收者是广大的受众[131, 141]，但信号在传递的过程中可能会由于外界环境和噪声因素导致失真，也会由于受众对信号的解释和理解的不同而产生信号的误解，信号的效果也就受到一定的影响。总体上，信号理论在管理情境、市场情境、人类学领域的使用和验证研究较多，在旅游场景的研究中较少涉及。比较有代表性的是将信号理论作为一个研究视角，测试旅游者对价格和服务质量广告的反应[142]，也有研究将信号理论用于危机情境的安保个案研究，分析人道主义危机下安全部队的部署对长期旅游者的影响[118]。

媒体信号是重要的信号类型之一。传统的主流媒体、商业平台媒体积极往线上发展，它们与自媒体的线上信号融合交汇，为潜在旅游者提供了信息来源充分的线上媒体环境。根据媒体的不同，线上媒体信号可以区分为线上主流媒体信号、线上商业媒体信号和自媒体信号等类型[236, 237]。媒体传播的信号不仅对受众的认知和态度水平具有显著的影响[221, 222]，对受众的行为反应也具有显著的影响[132]。研究显示，如果接收者个体认为信号是可信的、有益的或者能创造价值，他们就会将信号进行接收、处理并指导个体的行为[130]，甚至对他人的行为进行建议，这是网络舆情能够扩散传播的重要原因。在危机管理视角下，媒体既是首要的信息来源，也是潜在危机的创造者[165]。在互联网时代，旅游危机发生后的信息传播越来越依赖线上媒体平台的信息扩散。根据信号理论，旅游危机事件的线上媒体报道所传递的信号会潜在影响潜在旅游者的态度和感知，进而影响他们在线上的表达、分享等沟通行为[41]。理性的传播会带来积极的信号作用，但线上传播信号的失真、误解、发酵性的扩散以及潜在旅游者的线上非理性行为，可能影响潜在旅游者的线上沟通并对旅游地形象和市场产生破坏性影响。因此，将信号理论引入旅游危机管理研究，对潜在旅游者的线上安全沟通行为进行探索，厘清其构成维度和影响机制，具有重要的理论意义和实践价值。

（二）旅游者线上安全沟通行为

本研究认为，旅游者安全行为是指旅游者为维护自身或旅游活动安全所开展的各类行为活动的总称。现场旅游者的安全行为一般是指旅游者的安全遵守行为和安全参与行为。在旅游危机事件发生后，关注事件的潜在旅游者会在线上表现出陈述信息、表达情绪、点赞、转发等丰富的行为活动[235]，这些线上行为活动本质上是基于线上平台所开展的沟通行为，它表达出了潜在旅游者对危机事件的行为态度和信念，潜藏着潜在旅游者对自身遭遇类似情境时的一种担忧，因此在线上的沟通交流有助于未来消除类似的安全隐患。潜在旅游者在线上围绕危机事件的沟通行为是旅游者线下实体安全行为往线上延伸的一种表现。在本质上，旅游者的线上安全行为是一种基于线上平台的具有安全导向的信息沟通行为。

本书所指的线上安全沟通行为是指线上的潜在旅游者针对旅游危机事件等安全议题进行安全信息生产、安全信息分享等安全传播行为的统称，是潜在旅游者对安全议题表示信息关注、行为推荐等行为意图的体现。本书所指的潜在旅游者是指未来可能从事旅游活动或者到事发地从事旅游活动的个体，这包括已经到过旅游地旅游并有可能再次前去旅游地的人员。在旅游危机情境下，线上的各类参与者具有接受和传播旅游危机信息的意愿[235]，他们通常是对旅游、旅游地或者旅游危机事件具有一定兴趣度的利益相关者，他们具有从事旅游活动或者到事发地旅游的潜在可能性，这些潜在旅游者能够从线上平台上获取信息，也可以自己生成内容并与他人交流。依据线上信息的创造性程度和沟通阶段，潜在旅游者的线上传播一般包括信息生产[12]

和信息分享[13]两个行为体系。其中，线上信息生产主要指潜在旅游者进行内容生产、并以语言和表情符号等文本形式展现，它可以划分为无明显情绪表达的信息陈述和有明显情绪倾向的情绪表达[137]。在危机情境下，前者是潜在旅游者个体对危机事件本身进行客观的语言描述，后者则指潜在旅游者个体对危机事件带有情绪倾向的语言描述。潜在旅游者的线上信息分享行为主要包括对已有信息的转发与点评等行为表达[238]，这是危机信息得以扩散的重要行为基础。据此，本研究将潜在旅游者的安全沟通划分为安全信息生产和安全信息分享两种行为体系，其中安全信息生产包括安全信息陈述和安全情绪表达两个维度，安全信息分享则包括安全信息转发和安全信息点评两个维度。

（三）旅游危机线上媒体声量信号的影响作用

1. 线上媒体声量信号对旅游风险感知的影响

旅游危机事件是旅游安全事件的发展形态之一，是严重程度较高的安全事件类型。本书所指的线上媒体声量信号是指一段时间内线上媒体对某一信息的报道数量所形成的信号指标，它反映了线上媒体报道及影响力的强度和响度。在新媒体技术的推动下，传统媒体加强了线上载体的建设和线上传播方式的拓展。危机事件线上媒体声量的来源也越发多元化，它包括了主流媒体[239]、商业媒体[240]、自媒体[241]等分类媒体的线上声量来源。旅游危机线上媒体传播也呈现出传播速度快、转发频率高、呈病毒式发展等特点，线上参与者可借助自媒体成为信息的传播者，甚至成为概念的倡议者或者意见领袖等，他们的线上沟通行为可能引发信息转发和评论，从而推动旅游危机线上媒体声量的不断累积。研究发现，媒体信号对公众的感知具有显著的影响能力，媒体报道所传输的信号会直接影响旅游者的安全与风险感知[182, 185, 218]，媒体对危机、灾难的报道甚至会影响旅游者的感知和目的地选择[6]。同理，旅游危机事件的线上媒体声量信号对参与者的风险感知也具有综合影响。由此，提出以下假设：

H1：在旅游危机情境下，线上分类媒体声量信号对潜在旅游者的旅游风险感知具有正向影响

2. 线上媒体声量信号对线上安全沟通行为的影响

线上媒体声量信号是指一段时间内线上媒体对某一信息的报道数量所形成的信号指标，它反映了线上媒体报道及影响力的强度和响度。旅游危机事件具有较强的新闻效应，容易引起媒体的关注和报道。在互联网时代，旅游危机信息能得到更为快速的传播。在没有各方压力的情况下，媒体会本能地行使最大化的报道权[242]，以最大化地吸引人群的关注度，形成热点议题。同时，对信息具有较高需求的人群，更容易受到媒体报道的影响，而大量的媒体报道会导致他们更多的行为反应，如与他人进行讨论、交流等信息沟通行为[132]，这种作用机制会激发潜在旅游者在线上进行信息生产的行为，包括引发潜在旅游者在互联网平台进行危机信息的表达和传播[187, 196]。不仅如此，潜在旅游者在以计算机为媒介的沟通（CMC）中比面对面的沟通中表现出更为频繁和更为明确的情绪沟通[187]。可见，在旅游危机传播中，线上媒体可以借助潜在旅游者的传播行为累积信息声量，并进而吸引更多潜在旅游者的线上关注，激发潜在旅游者在线上平台进行危机相关的信息陈述和情绪表达等信息生产行为。由此，我们可以假设：

H2：在旅游危机情境下，（a）线上媒体声量信号对潜在旅游者的安全信息生产具有正向促进作用，（b）对其内在维度安全信息陈述和安全情绪表达也具有正向促进作用

线上网络平台具有较好的知识创造能力和可承受性，这对信息分享有着积极的促进作用[243]。潜在旅游者会通过微博、论坛社区、贴吧等社交媒体来抒发他们的情感，转发他们的经历[41]。在旅游危机传播中，多元化线上媒体的参与容易累积规模性的声量信号，从而激发潜在旅游者的参与热情。其中，对旅游危机信息进行转发和点评是最主要的分享行为[238]，信息转发是潜在旅游者对旅游危机事件表达态度和推荐意见的方式，信息点评则是潜在旅游者强化对事件态度和推荐意见的重要方式。这两种信息分享行为是线上媒体累积声量规模的重要行为基础。同时，线上媒体所累积的声量信号又会形成更大规模的信息覆盖率，从而激发下一阶段潜在旅游者的信息转发和点评等分享行为。可以认为，线上媒体声量信号对潜在旅游者的安全信息转发、

安全信息点评等安全信息分享行为的影响过程是一个动态响应过程。由此，提出以下假设：

H3：在旅游危机情境下，（a）线上媒体的声量信号对潜在旅游者的安全信息分享具有正向促进作用，（b）对其内在维度安全信息转发和安全信息点评具有正向促进作用

在新媒体技术的推动下，传统的主流媒体和商业媒体加强了线上载体的建设和线上传播方式的拓展，它们与自媒体平台共同构成了多元化的线上媒体环境[244]。旅游危机事件的线上媒体传播呈现出传播速度快、转发频率高、呈病毒式发展等特点。但是，主流媒体、商业媒体、自媒体等不同的媒体平台具有不同的生产机制和发展导向。其中，主流媒体通常具有多媒介传播形式，它的公信力要求其在传播时更强调信息的客观性[236]，商业媒体更热衷于报道负面信息，以快速引起社会的关注[245]，自媒体更则更多体现了个体潜在旅游者的主观认知和情绪表达[246]。同时，潜在旅游者的阅读习惯不同，对分类媒体的兴趣度也存在差异[247, 248]。在这些因素的影响下，线上主流媒体、线上商业媒体、自媒体对旅游危机事件的关注点会存在差异，它们对潜在旅游者的影响程度也会存在差异性。结合假设1和假设2，提出以下假设：

H4：在旅游危机情境下，（a）线上主流媒体、线上商业媒体、自媒体等声量信号对潜在旅游者的安全信息生产具有差异化的影响作用，（b）对其内在维度安全信息陈述和安全情绪表达具有差异化的影响作用

H5：在旅游危机情境下，（a）线上主流媒体、线上商业媒体、自媒体等声量信号对潜在旅游者的安全信息分享具有差异化的影响作用，（b）对其内在维度安全信息转发和安全信息点评具有差异化的影响作用

（四）风险感知声量信号的影响作用

线上参与者的风险感知是一种综合性感知，其形成的基础既包括参与者的个人经历，也包括参与者所接触的媒体信息环境。传统的大众媒体理论认为，人的行为意向是受到外部情境性刺激而引发的[249]，互联网上的情境性刺激会直接影响上网人群的行为意向[250]。从集群行为（Collective Behavior）[251]和媒体传播的视角来看，网络集群行为更多的是一种网络舆

论的表达行为。研究发现，危机情境下线上参与者会比日常更为频繁地发布信息，这在一定程度上源于危机事件下的恐慌心理[252]。换言之，风险感知信号激发了线上参与者的信息生产行为，他们的线上信息陈述和情绪表达的频率更高，情绪波动更大。同时，更高的风险感知容易带来更高的焦虑，转而引发参与者个体的信息分享行为[253]，包括信息的转发、点赞、评论等方式。研究显示，社交性、禁令规范（Injunctive norms）、结果预期（Outcome expectancies）、风险感知及其产生的焦虑等都与信息分享行为直接相关[253]。可见，在旅游危机事件背景下，旅游风险感知信号对线上参与者的沟通行为有着积极的影响。由此，提出以下假设：

H6：在旅游危机情境下，（a）线上旅游风险感知声量信号对潜在旅游者的安全信息生产具有正向促进作用，（b）对其内在维度安全信息陈述和安全情绪表达也具有正向促进作用

H7：在旅游危机情境下，（a）线上旅游风险感知声量信号对潜在旅游者的安全信息分享具有正向促进作用，（b）对其内在维度安全信息转发和安全信息点评具有正向促进作用

（五）线上安全沟通行为声量信号的影响作用

潜在旅游者的线上安全沟通是一种以计算机或手机为中介的交流和沟通行为。信息生产是线上沟通的内容基础，它包括信息陈述和情绪表达等内在行为。无情绪的信息陈述内容能够为信息接收者提供基础信息，但同时信息接收者能将信息内容与积极或消极情绪联系起来，并通过动作词、语言标记和副语言提示等情绪提示技术来解读发送者的情绪[254]。因此，无论是信息陈述还是情绪表达都是线上沟通行为的重要组成部分。其中，情绪表达可以从消极、积极、中性的情感极性进行区分[255]，也可以从乐、好、怒、哀、惧、恶、惊[256]等情绪分类进行更为细致的划分。根据唤醒理论，心理上的唤醒是以自主神经系统的激活为特征的[257]，环境刺激对人产生的效果包括"渐进性"唤醒和"亢奋性"唤醒两种机制[258]。在危机刚爆发时，媒体报道所产生的信息刺激会迅速唤醒潜在旅游者的信息关注，而媒体的持续报道则会持续唤醒潜在旅游者的信息跟踪，这两种唤醒和刺激会激发人们的信息陈

述行为，这是引发网络关注的基础。同时，提高唤醒能够促进信息的社会传播，而诱导性的唤醒内容则更容易被分享[259]。因此，危机情境下潜在旅游者所生产的安全信息会在唤醒机制下得到分享和传播。其中，文本信息的情绪表达更能得到关注，更能刺激回复、跟帖等信息转发类的分享行为，情绪性因素对信息转发数量和转发速度都具有积极的影响[13]。研究显示，情绪极性、强度与信息传播力存在紧密的联系[137]，积极情绪和生理冲动都可能激发信息的分享[259, 260]。可见，旅游危机事件发生后，潜在旅游者的安全信息陈述和安全情绪表达等会激发潜在旅游者的安全信息分享行为。由此，提出以下假设：

H8：在旅游危机情境下，潜在旅游者安全信息生产的声量信号对其安全信息分享声量具有正向促进作用

H9：在旅游危机情境下，潜在旅游者旅游安全信息陈述的声量信号对其安全信息分享声量具有强化作用

H10：在旅游危机情境下，潜在旅游者安全信息情绪表达的声量信号对其安全信息分享声量具有强化作用

据此，本研究的基本框架如图 5.1 所示。

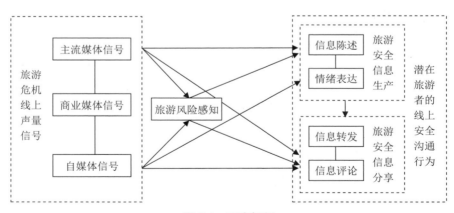

图 5.1　研究框架

三、研究设计

（一）案例背景

泰国是中国重要的出境旅游目的地，2017 年中国赴泰国旅游人数达 980 万人次，占泰国接待国际旅游者的 28%[261]。泰国时间 2018 年 7 月 5 日，载有 42 人的"艾莎公主"号和载有 105 人的"凤凰"号游船在返回普吉岛途中突遇特大暴风雨，分别在普吉珊瑚岛和梅通岛附近发生倾覆并沉没。泰国沉船事件造成 47 名中国旅游者死亡，引起了中国各大主流媒体、商业媒体、自媒体的广泛关注与报道。该事件一度引发国内民众的强烈不满和潜在旅游者的情绪波动。危机事件发生后，中国赴泰旅游市场迅速下滑。

（二）模型设定

研究旨在分析旅游危机情境下线上媒体声量信号对旅游风险感知、安全信息生产和安全信息分享等变量的影响机制，研究的变量数据是线上平台对某一变量信息进行报道的数量所形成的声量数据。由于声量数据具有随时间和关注度而动态变化的内在规律，在性质上很难将相关声量变量明确的区分为内生变量和外生变量。其中，线上媒体的报道声量与潜在旅游者的风险感知和线上安全沟通行为之间具有潜在的内生性和相互影响，报道声量的提升可能强化风险感知和安全行为的声量，风险感知和线上安全沟通行为的声量提升则会激发媒体下一阶段的报道声量。因此，本研究适合采用 Sims（1980）[14] 提出的向量自回归模型（Vector autoregression，VAR）来对变量间的声量数据进行拟合分析。VAR 模型是把系统中每一个内生变量作为系统中所有内生变量滞后值的函数来构造模型，从而将单变量自回归模型推广到由多元时间序列变量组成的"向量"自回归模型。由于纳入了滞后值，因此因变量和自变量不存在同期相关性问题。本研究的分析模型如公式（1）、（2）、（3）和（4）所示：

$$y_t = A_1 y_{t-1} + \ldots + A_p y_{t-p} + B_1 x_{t-1} + \ldots + B_r x_{t-r} + \varepsilon_t \qquad (1)$$

$$w_t = C_1 w_{t-1} + \ldots + C_p w_{t-p} + D_1 x_{t-1} + \ldots + D_r x_{t-r} + \varepsilon_t \qquad (2)$$

$$w_t = E_1 w_{t-1} + \ldots + E_p w_{t-p} + F_1 y_{t-1} + \ldots + F_r y_{t-r} + \varepsilon_t \qquad (3)$$

$$z_t = G_1 z_{t-1} + \ldots + G_p z_{t-p} + H_1 s_{t-1} + \ldots + H_r s_{t-r} + \varepsilon_t \qquad (4)$$

公式（1）用于检验假设 H1，其中，y_t 是 m 维内生变量，用于表示某一危机事件中线上参与者旅游风险感知的声量规模，有 p 阶滞后期。x_{t-1} 是 d 维外生变量，用于表示线上分类媒体对旅游危机事件进行报道的声量规模，有 r 阶滞后期。A_1，$\cdots$，A_p 和 B_1，$\cdots$，B_r 是待估计的参数矩阵，ε_t 是随机扰动项。公式（2）用于检验假设 H2–H5，其中 W_t 是 m 维内生变量，用于表示某一危机事件中潜在旅游者安全沟通（信息表达、信息分享）的声量规模，有 p 阶滞后期；x_{t-1} 是 d 维外生变量，用于表示线上媒体对旅游危机事件进行报道的声量规模，有 r 阶滞后期。C_1，$\cdots$，C_p 和 D_1，$\cdots$，D_r 是待估计的参数矩阵，ε_t 是随机扰动项。公式（3）用于检验假设 H6、H7。其中，W_t 是 m 维内生变量，用于表示某一危机事件中线上参与者安全沟通（信息表达、信息分享）的声量规模，有 p 阶滞后期。Y_{t-1} 是 d 维外生变量，用于表示某一危机事件中线上参与者旅游风险感知的声量规模，有 r 阶滞后期。E_1，$\cdots$，E_p 和 F_1，$\cdots$，F_r 是待估计的参数矩阵，ε_t 是随机扰动项。公式（4）用于检验假设 H8、H9、H10。其中，Z_t 是 m 维内生变量，用于表示某一危机事件中潜在旅游者信息分享（信息转发、信息点评）的声量规模，有 p 阶滞后期；S_{t-1} 是 d 维外生变量，用于表示潜在旅游者信息生产（信息陈述、情绪表达）的声量规模，有 r 阶滞后期；G_1，$\cdots$，G_p 和 H_1，$\cdots$，H_r 是待估计的参数矩阵，ε_t 是随机扰动项。

（三）研究数据

1. 数据采集

研究数据的采集情况包括：①数据采集平台：研究团队委托专业的舆情数据采集平台，抽取了国内 436 家中文线上媒体平台进行信息采集，自媒体平台采用关键字下发采集每 5 分钟检索一次，中文网站采集采用全站采集每日检索一次，涉及泰国沉船事件的新闻和网帖均列入采集范畴，采集完成后形成沉船事件的原始舆情信息数据库。②数据采集渠道：线上主流媒体、商业媒体、自媒体等国内开放性中文网站平台发布的各类数据，其中包括新闻网站、论坛、贴吧、微博、微信公众号等媒体平台。③数据采集类型：文字以及对图片、视频等进行文字转化的数据材料。④数据采集时间：研究团队自 7 月 5 日事发当天启动舆情监测系统进行数据采集，进行了为期 30 天的数据采集。其中，本研究所需要的变量数据如媒体声量、安全沟通声量等在 7 月 25 日后几乎接近于 0，因此纳入本研究的数据分布于 2018 年 7 月 5—25 日。

2. 数据处理

研究数据的处理过程主要包括：①对爬虫采集的数据进行解析、清洗和去重，形成旅游危机事件的原始信息数据库；②对研究变量进行关键词设定，并根据关键词对原始信息数据打上变量标签；③对标签后的变量数据进行整理和校正，共获得 112313 条数据；④以小时为单位进行记数以表示在该时段的舆情声量，最终形成时间序列数据。以媒体声量为例，如原始数据库中在 2018 年 7 月 5 日 0 点，涉及商业媒体报道的数据有 X1 条，则记该时段商业媒体声量为 X1。以此类推，形成了 2018 年 7 月 5 日 0 点至 2018 年 7 月 25 日 23：00 的旅游危机线上媒体声量等关键变量的时间序列数据（见图 5.2）。

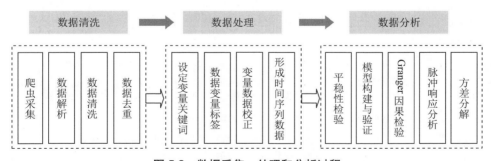

图 5.2 数据采集、处理和分析过程

（四）变量测量

研究涉及的主要变量包括旅游危机的线上媒体声量（主流媒体、商业媒体、自媒体）、安全信息生产（安全信息陈述和安全情绪表达）声量、安全信息分享（安全信息转发和安全信息点评）声量等，研究变量的测量严格按照关键词进行计算机遴选。媒体声量是指媒体对特定事件进行报道的相关信息及其规模数量。安全信息生产（安全信息陈述和安全情绪表达）声量是以关键词进行帖子的遴选及其帖子的频数为依据；安全信息分享（安全信息转发和安全信息点评）声量是每条帖子被转发、被点评的频次数量为依据。此外，安全情绪表达的分类情绪测量则是以"乐""好""怒""哀""惧""恶""惊"等分类情绪强度值为依据的（见表 5.1）。

表 5.1　主要变量测量的遴选标准

变量		遴选标准
旅游危机的线上分类媒体声量信号	媒体声量	描述泰国普吉岛沉船事件及沉船事件发生过程与特点的关键词：泰国 / 普吉岛 + 翻船事故 / 倾覆事故 / 沉船事故 / 人为事故 / 人祸 / 天灾 / 自然灾害 / 突发灾难 / 天气原因 / 特大风暴 / 极端天气 / 暴风雨 / 恶劣天气 / 风高浪急 / 强风 / 暴雨 / 安全意识 / 脱去救生衣 / 零元团 / 强行出海 / 冒险出海 / 私自出海 / 翻船经过 / 翻船过程 / 船身倾倒 / 倾翻 / 翻船 / 翻覆 / 倾覆 / 翻沉 / 打捞 / 救援 / 救助 / 支持 / 疏散 / 护航 / 援救 / 生命线畅通 / 救灾 / 抢修 / 搜救 / 打捞 / 救生船 / 搜救 / 死亡 / 遇难 / 身亡等。
	主流媒体声量	发帖人为主流媒体的线上报道声量。本研究遴选的主流媒体发帖人包括××晨报、××早报、××晚报、××日报、××周报、××商报、××青年报、××都市报、××快报、××时报、参考消息、大河报、文汇报等线上主流报业媒体；人民网、光明网、大众网、新华社（网）、法制网、中国网、中国经济网、中国教育网、紫光阁、中央电视台等全国综合新闻网站和电视台；××新闻网、××线上、地方电视台（××广播电视台）等地方主流新闻网站和电视台；××人民政府、××市委、××共青团××、旅游委（局）、××公安、××消防、××检察、××安监、××政法（法院）、××气象（局）等行政部门线上媒体。
	商业媒体声量	发帖人为商业媒体的线上报道声量。本研究遴选的商业媒体发帖人包括百度新闻、新浪新闻、网易新闻、《天天快报》、《大象快报》、《今日头条》等新闻媒体；梨视频、西瓜视频、腾讯视频、爱奇艺等视频媒体。
	自媒体声量	发帖人为个人用户的线上发帖声量。
旅游风险感知	旅游风险感知	表达对泰国和普吉岛害怕感、恐惧感和风险担忧的关键词：泰国 / 普吉岛 + 恐惧 / 害怕 / 吓到 / 可怕 / 惊险 / 危险 / 心凉 / 恐怖 / 惊吓 / 惊魂一刻 / 后怕夺命一刻 / 不安全 / 担心 / 心有余悸 / 逃过一劫 / 色变 / 危险 / 吓人 / 不负责任 / 安全管理不到位 / 出事儿 / 风险 / 冒险 / 意外 / 遇难 / 有危险 / 天灾人祸 / 恐惧 / 生死劫难 / 心好慌 / 世事无常 / 行船走马三分命 / 要谨慎 / 印象不好 / 抵制泰国 / 后怕 / 不安全 / 不可靠 / 安全隐患 / 安全问题 / 令人担忧 / 需（须）谨慎 / 不放心 / 不安心 / 担心 / 令人担忧 / 顾虑 / 没保障 / 要小心等。

变量		遴选标准
旅游安全 信息生产	信息陈述	基于 HowNet（知网）词典的专业词库，计算出的无情绪倾向的帖子数量。
	情绪表达	基于 HowNet（知网）词典的专业词库，计算出的有情绪倾向的帖子数量。
	分类情绪	以大连理工大学的《中文情感词汇本体》的 7 大类 21 小类情感划分为标准，对有情绪倾向的帖子进行"乐""好""怒""哀""惧""恶""惊"等情绪类型的划分，并计算分类情绪的强度。
旅游安全 信息分享	信息转发	每条帖子被转发的数量。
	信息评论	每条帖子被评论的数量。
旅游安全 信息生产	信息陈述	基于 HowNet（知网）词典的专业词库，计算出的无情绪倾向的帖子数量。
	情绪表达	基于 HowNet（知网）词典的专业词库，计算出的有情绪倾向的帖子数量。
	分类情绪	以大连理工大学的《中文情感词汇本体》的 7 大类 21 小类情感划分为标准，对有情绪倾向的帖子进行"乐""好""怒""哀""惧""恶""惊"等情绪类型的划分，并计算分类情绪的强度。
旅游安全 信息分享	信息转发	每条帖子被转发的数量。
	信息评论	每条帖子被评论的数量。

1. 媒体声量的测量

主流媒体是指由官方机构主办的或者具有官方性质的媒体机构和平台。主流媒体声量是指发帖人为官方主流媒体的线上报道声量，主流媒体发帖人包括了主流报业媒体、全国综合新闻网站电视台、地方主流新闻网站和电视台、行政部门等主流线上媒体。

商业媒体是指主要以营利为目的的商业性机构主办的媒体机构和平台。商业媒体声量是指发帖人为商业性媒体机构的线上报道声量，商业媒体包括百度新闻、新浪新闻等知名的线上媒体。

自媒体则是指基于现代网络技术、可由个人发起并进行大众化传播的媒体机构和平台。个人用户和私人社团等也可在自媒体平台上与普通大众进行信息互动，并构成为自媒体传播的内容要素。自媒体声量是发帖人为个人和私人社团等用户，在自媒体平台的线上发帖声量。自媒体平台包括了新浪微博、新浪博客、百度贴吧、搜狗知乎、大众点评网、天涯社区等开放性自媒体平台。主流媒体、商业媒体以及自媒体排名前 20 的发帖用户及对应频数如表 5.2 所示。

表 5.2　主流媒体、商业媒体及自媒体前 20 发帖用户及对应频数

主流媒体	频数	商业媒体	频数	自媒体	频数
看看新闻网	287	19 楼	408	me0407	90
凤凰新闻 App	110	新浪新闻	377	roicon	83
环球网	102	今日头条	289	吴翔 _lin	56
凤凰网	91	《大象快报》	181	清水穿石	35
央视网	75	网易新闻	117	ftj0218	34
《新京报》	75	《天天快报》	103	Eksjnystpa	33
新华网	69	果乐头条	67	mmmmmmiaxy	29
北京时间	56	本地头条	64	新宋	28
观察者网	52	地方网	65	sieuli	28
中国经济网	50	蛋蛋赞	64	阿宝倍儿棒	27
《北京青年报》	48	东方头条	63	国际米兰	26
《北京日报》	44	ZAKER	55	阿森纳	26
新闻夜航	40	新浪地产－新闻	53	当代国画家徐鹤	25
央视新闻	38	百度百家	48	处处是墙头	24
中国网	33	58 同城	44	德阳茶人	23
《成都商报》	31	密码小站	38	柴扉 03	23
《经济日报》	30	一点资讯	34	MissBunnyLiu	22
《中国日报》	29	东博社	28	白考儿的心肝大宝贝	21
深圳新闻网	29	爱奇艺	27	交通事故律师大邮	20
凤凰卫视	26	E 都市	25	nwr 老牛	20

2. 旅游风险感知的测量

旅游风险感知是旅游危机事件后线上参与者对风险不确定性和不可观测性的心理感受和认知。研究选取泰国沉船事件后线上参与者个人帖子中出现恐惧、害怕、可怕等与旅游安全风险有关的关键词作为旅游风险感知测量的

遴选标准，代表性的关键词包括恐惧 / 害怕 / 吓到 / 可怕 / 惊险 / 危险 / 心凉 /
恐怖 / 惊吓 / 担心 / 不安全 / 不可靠 / 令人担忧等。由此，旅游风险感知声量
测量是基于泰国沉船事件的线上参与者的发帖进行旅游安全风险关键词的遴
选以及帖子频次数量来进行测量的。

3. 安全信息生产的测量

在互联网高速发展的背景下，线上安全信息生产的主体已由传统媒体、
新兴媒体等各方媒体的信息生产扩展到包含线上参与者的综合信息生产。也
就是说，线上参与者可以借助自媒体平台进行个体的信息生产，其生产内容
即为用户内容生产（User-generated Content，UGC）。安全信息生产是线上参
与者进行安全沟通行为的基础。本研究的安全信息生产主要是指线上参与者
基于泰国沉船事件进行的信息表达，表达的内容通常由语言文字、表情符号
等构成，可以划分为信息陈述和情绪表达两种不同类型的内容。

安全信息生产的变量数据测量分为两个阶段进行。研究第一阶段是以
HowNet（知网）词典的专业词库为基础，对安全信息生产中的安全信息陈述
和安全情绪表达等变量进行了数据分割，分别计算出无情绪（中性情绪）的
个人帖子数量和有情绪的个人帖子数量。由此，中性情绪的文本数据即为信
息陈述变量的测量依据，有情绪的文本数据则为情绪表达变量的测量依据。
研究第二阶段是以大连理工大学信息检索研究室的《中文情感词汇本体》[256]
为基础，对情绪表达变量数据进行更为深入的分析，识别出乐、好、怒、哀、
惧、恶、惊等分类情绪的变量数据。

（1）信息陈述的测量

HowNet（知网）情感词库是国内信息科学学者开展情感分析常用的情
感词库，它是描述概念与概念之间以及概念属性之间的关系为主的常识知识
库[262]。HowNet（知网）情感词库分为正面情绪、负面情绪、正面评价、负
面评价、程度级别和主张 6 类词语，本研究的中文正面词汇包含中文正面情
绪和正面评价词汇，中文负面词汇包含中文负面情绪和负面评价词汇。研究
以 HowNet（知网）情感词库为基础，对自媒体中的原创帖子进行人工筛选
和整理，去除了重复的中文词汇，新增了 140 个中文词汇（见表 5.3）；并对

HowNet 词库的中文正面词汇和中文负面词汇进行修正，并删减了内部重复的词汇，由此构建的线上参与者安全情感词库包含 4559 个正面词汇和 4429 个负面词汇。

表 5.3　情感例词及新增词汇

情感类型	既有词库的例词	新增词汇	新增词汇数量
正面情感	表扬 / 祝愿 / 关心 / 安然 / 想念	幸运 / 平安 / 希望 / 点赞 / 暖心 / 友好 / 万幸 / 幸好 / 幸亏 / 勇气 / 勇敢 / 宽慰 / 有情 / 有义 / 幸好 / 伟大 / 感恩 / 感动 / 好人 / 认真 / 英雄 / 惊艳 / 欣慰 / 兴奋 / 善良 / 优秀 / 骄傲 / 点赞 / 好样的 / 好心 / 善意 / 肃然起敬 / 真诚 / 谦和 / 祝福 / 棒 / 好男儿 / 安好	38
负面情感	哀伤 / 抱憾 / 憋屈 / 担心 / 焦心 / 惧怕	难受 / 心痛 / 心疼 / 支离破碎 / 烂 / 害怕 / 惨痛 / 推责 / 甩锅 / 羞辱 / 脆弱 / 伤心 / 寒心 / 心寒 / 天灾 / 人祸 / 悲愤 / 愧惜 / 嘴贱 / 心有余悸 / 欲哭无泪 / 寒心 / 爆粗口 / 委屈 / 抹黑 / 抵制 / 泪水 / 离别 / 惊魂时刻 / 悲惨 / 人生无常 / 阴阳两隔 / 垃圾 / 心碎 / 作死 / 推诿责任 / 逃避责任 / 可怕 / 化为乌有 / 悲痛 / 悼念 / 哭喊 / 惨剧 / 恶心 / 阴谋 / 低价 / 希望渺茫 / 颠倒黑白 / 不厚道 / 泣不成声 / 揪心 / 不靠谱 / 贼船 / 添堵 / 惩罚 / 陷阱 / 心黑 / 渺小 / 无助 / 猛兽 / 泼脏水 / 谴责 / 落后 / 歪曲事实 / 不公平 / 疏忽 / 恐惧 / 黑暗 / 死神 / 惊险 / 痛楚 / 羞辱 / 惨痛 / 吓 / 心碎 / 难过 / 可怕 / 恶劣 / 凄切 / 泪如雨下 / 提心吊胆 / 沉痛 / 愤怒 / 沉重 / 厌倦 / 心酸 / 无耻 / 狰狞 / 惊恐 / 无力 / 恶心 / 忐忑 / 紧张 / 心有余悸 / 难受 / 愧惜 / 吓死 / 惨 / 吓人 / 作孽 / 细思极恐 / 可怕 / 圣母婊 / 冰冷 / 一生黑 / 冷漠 / 鄙视 / 难看 / 失望 / 可怜 / 惨烈 / 堵 / 后怕 / 恼火 / 可笑 / 拽 / 毫无人性 / 危险	118

HowNet（知网）词库共有 219 个中文程度级别词语，并划分为 7 个等级，分别为极其 |extreme、最 |most、很 |very、较 |more、稍 |-ish、欠 |insufficiently、超 |over。基于中国在线参与者中文表达的语义逻辑和修饰强度，研究以 HowNet 词库的中文程度级别词语的 6 个等级划分为标准，以 0.5 分作为一个量级，对上述 6 个等级的程度级别词语赋予"3，2.5，2，1.5，1，0.5"的系数分值[263]，并对情感词汇进行综合赋值。例如，个人帖子出现"幸运"一词，记录 1 分，当"幸运"一词的前面有"很"或者"较"等程度级别词语时，分值则记录为 2 分或者 1.5 分；个人帖子出现"难受"一词，记录 –1 分，当"难受"一词的前面有"很"或者"较"等程度级别词语时，分值则记录为 –2 分或者 –1.5 分。研究对情感词汇综合赋值后，再对每一条帖

子（包含句子和段落）的正负情感得分进行加总。此外，中文词汇的表达常常出现否定词、转折词，因此除了程度级别词语外，也应结合这些词汇的语义和语境，综合确定句子的倾向性。

　　本书将采集的个人情感表达的 50960 条文本数据，基于上述标准和分值进行情感得分的计算，由此判定每条文本数据的正面情感得分和负面情感得分。基于此，研究对 50960 条文本数据进行分割与归类，分别为中性情感8022 条（正面情感得分和负面情感得分都为 0）、纯正面情感 31209 条（正面情感得分 >0，负面情感得分为 0）、纯负面情感 1983 条（正面情感得分为0，负面情感得分 <0）、混合情感 9745 条（正面情感得分 >0，负面情感得分 <0）。至此，研究将中性情感从众多情感类型数据中剥离出来；中性情感表明其文本数据没有情绪倾向，即为研究中界定的信息陈述。由此，研究获取了信息陈述变量的测量依据。

　　（2）分类情绪的测量

表 5.4　《中文情感词汇本体》7 大类 21 小类的情感例词及新增词汇

编号	情感 大类	情感小类	基础词库 的例词	根据案例新增词汇	新增词汇 数量
1	乐	快乐 （PA）	喜悦/欢喜/ 笑眯眯/欢 天喜地	幸好/幸亏/幸灾乐祸/美好/喜感/期待/可爱/迷人/太开心/太好了/真好/喜泪溢/终有报	15
2		安心 （PE）	踏实/宽心/ 定心丸/问 心无愧	宽慰/感动/暖心/关心/感谢/感恩/珍惜	7
3	好	尊敬 （PD）	恭敬/敬爱/ 毕恭毕敬/ 肃然起敬	绝不言弃/可敬	2
4		赞扬 （PH）	英俊/优秀/ 通情达理/ 实事求是	棒/好男儿/骄傲/点赞/勇敢/有爱心/有情有义/厉害/帅/努力/医者仁心/大爱无疆/正能量	19
5		相信 （PG）	信任/信赖/ 可靠/毋庸 置疑	挺住/谅解/难得出事/小概率事/不放弃/舒服	5

续表

编号	情感大类	情感小类	基础词库的例词	根据案例新增词汇	新增词汇数量
6	好	喜爱（PB）	倾慕/宝贝/一见钟情/爱不释手	—	—
7	好	祝愿（PK）	渴望/保佑/福寿绵长/万寿无疆	幸运/安好/祈祷/祈福/顺利/安息/等你回家/平安/有惊无险/缓解/生还/福大命大/许愿/死者瞑目/期盼/好好地/现世安稳/一切安好/逝者安息	19
8	怒	愤怒（NA）	气愤/恼火/大发雷霆/七窍生烟	令人发指/戾气/过分/天灾人祸/无能/绝不姑息/作死/明目张胆/头脑发热/耗命/不配/没骨气/气愤/火上浇油/气死/怒其不争/可恨/辣鸡/讨回公道/怒了/绝不姑息	21
9	哀	悲伤（NB）	忧伤/悲苦/心如刀割/悲痛欲绝	可怜/厌倦/哭喊/侵蚀内心/悲催/虐心/人生无常/煎熬/支离破碎/委屈/阵痛/泪崩/扎心/想哭/牵动人心/惨烈/无助/撕心裂肺/窒息/压抑/生疼/好惨/落泪/泪目/几多殒命/允悲/歇斯底里/流泪/心凉	29
10	哀	失望（NJ）	憾事/绝望/灰心丧气/心灰意冷	脆弱/冷漠/沉默不语/看淡了/暗淡/感慨/唏嘘/失落/不敢想/不指望	10
11	哀	疚（NH）	内疚/忏悔/过意不去/问心有愧	反思/惭愧/教训/无力	4
12	哀	思（PF）	思念/相思/牵肠挂肚/朝思暮想	哀以至思	1
13	惧	慌（NI）	慌张/心慌/不知所措/手忙脚乱	急死人/化为乌有/陷阱/欲哭无泪	5
14	惧	恐惧（NC）	胆怯/害怕/担惊受怕/胆战心惊	猛兽/吓/狰狞/危险/吓死/细思极恐/黑暗/死神/渺小/发颤/色变/抵抗	10
15	惧	羞（NG）	害羞/害臊/面红耳赤/无地自容	—	—

续表

编号	情感大类	情感小类	基础词库的例词	根据案例新增词汇	新增词汇数量
16	恶	烦闷（NE）	憋闷/烦躁/心烦意乱/自寻烦恼	恼火/堵/郁闷/纳闷/焦急	5
17		憎恶（ND）	反感/可耻/恨之入骨/深恶痛绝	愤怒/无语/醉了/辣鸡/垃圾/不可原谅/不想原谅	7
18		贬责（NN）	呆板/虚荣/杂乱无章/心狠手辣	拽/毫无人性/圣母婊/冰冷/一生黑/谴责/歪曲事实/不公平/不靠谱/贼船/惩罚/低价/不厚道/推诿责任/逃避责任/抹黑/爆粗口/泼脏水/推责/作孽/废物/侥幸/烂/人血馒头/无脑/无用/违约/狂妄自大/吹牛皮/报应/自找的/嘚瑟/不重视/故意/装逼	35
19		妒忌（NK）	眼红/吃醋/醋坛子/嫉贤妒能	—	—
20		怀疑（NL）	多心/生疑/将信将疑/疑神疑鬼	懵了/不解/不明/不敢相信	4
21	惊	惊奇（PC）	奇怪/奇迹/大吃一惊/瞠目结舌	始料不及/惊心/惊魂/触目惊心/震惊/世事无常/传奇/惊心动魄/难以想象/惊骇/一惊/刺激/没有预兆/惊险	14

　　《中文情感词汇本体》是大连理工大学信息检索研究室整理和标注的中文本体资源，是较为成熟、应用较为广泛的情感词典。该资源对中文词汇或者短语进行全方位的描述，包括词语、词性种类、情感类别、情感强度及极性等信息。《中文情感词汇本体》的情感分类体系是以国外较具影响的 Ekman 的 6 大类情感分类体系为基础，在词汇本体新增情感类别"好"，对褒义情感进行更细致的划分，由此构建的《中文情感词汇本体》的情感共分为 7 大类 21 小类。

表 5.5　情绪"乐"新增词汇强度赋值过程及平均值示例

情绪小类	新增词汇	1号赋值	2号赋值	3号赋值	4号赋值	5号赋值	强度均值	取整
快乐	幸好	5	5	3	5	3	4.2	4
	幸亏	5	5	7	5	3	5.0	5
	可爱	5	5	7	5	5	5.4	5
安心	感动	7	5	7	7	5	6.2	6
	暖心	5	5	7	7	5	5.8	6
	关心	3	3	7	9	3	5.0	5
	感恩	7	5	9	9	5	7.0	7

　　研究以大连理工大学的《中文情感词汇本体》的7大类情感划分为标准，对带情绪倾向的42938条情感表达数据进行情绪类型的划分，并计算分类情绪的强度。研究以大连理工大学的《中文情感词汇本体》为基础词库，通过人工阅读原始数据获得新增词汇212个（见表5.4），由此构建的线上参与者安全情感词库包含"乐"1987个，"好"11154个，"怒"409个，"哀"2358个，"惧"1195个，"恶"10333个，"惊"242个等词汇。基于中国在线参与者中文表达的语义逻辑和修饰强度的考虑，研究依据大连理工大学的《中文情感词汇本体》对情感强度和极性的赋值标准和结果，对新增词汇的情感强度进行判定和赋值。本研究的情感强度赋值按照《中文情感词汇本体》的说明，以情感强度的五档划分为标准，即1、3、5、7、9五档，其中9表示强度最大，1为强度最小。

表 5.6　情感强度计算过程示例

序号	帖子内容 （2018/7/15，8：00）	七大类情绪	情绪小类	情感词汇	情感强度
1		乐	快乐（PA）	—	0
2			安心（PE）	宁静	5
3			尊敬（PD）	—	0
4			赞扬（PH）	美丽	5
5		好	相信（PG）	—	0
6			喜爱（PB）	—	0
7			祝愿（PK）	一切安好	7
8	微博上面看了好多关于这次普吉岛翻船的事情。真的越看越难过！前不久刚刚去那里，印象还很深刻。在大自然面前，我们显得是那么脆弱！那里宁静的时候，真的很美丽，在暴风雨面前又像猛兽一般！心里真的很难受，很难过！望一切安好！	怒	愤怒（NA）	—	0
9			悲伤（NB）	难过（计2次）	10
10		哀	失望（NJ）	脆弱	5
11			疚（NH）	难受	3
12			思（PF）	—	0
13			慌（NI）	—	0
14		惧	恐惧（NC）	猛兽	4
15			羞（NG）	—	0
16			烦闷（NE）	—	0
17			憎恶（ND）	—	0
18		恶	贬责（NN）	—	0
19			妒忌（NK）	—	0
20			怀疑（NL）	—	0
21		惊	惊奇（PC）	—	0

　　计算过程包括：第一，新增词汇的情感强度赋值过程。研究组织 1 位高级职称专业教师和 5 名博士研究生共同开展新增词汇的情感强度赋值工作。在赋值工作之前，5 名博士研究生在专业教师的指导下，对大连理工大学的《中文情感词汇本体》说明和词库进行认真的学习，对基础词库中的相似词汇

的情感强度进行对比和讨论，形成统一的认识。研究组的 5 位博士生分别对新增词汇进行逐一的赋值，并取其平均值作为词汇强度的均值。为保证新增词汇的强度值与《中文情感词汇本体》基础词库的强度值同为整数，研究对新增词汇的强度均值进行四舍五入的处理，由此获得新增词汇的强度值（见表 5.5）。

第二，分类情绪的情感强度计算。研究以大连理工大学的《中文情感词汇本体》基础词库以及新增词汇所构建的线上参与者安全情感词库为依据，对情绪表达的帖子内容中出现的词库词汇进行识别，对应纳入所属的情感小类，并进行逐一的赋值。当情绪表达的某一帖子中包含多个情感词汇时，则逐一纳入情感小类列表中并赋值。例如，以 2018 年 7 月 15 日的一条帖子为例，该帖子的情绪较为丰富，出现词汇"难过" 2 次，"难过"的情感强度为 5，所属情感小类为悲伤（NB），因此在对应的情感维度中记 10；该帖子出现词汇"脆弱" 1 次，其情感强度为 5，"脆弱"所属的情感小类为失望（NJ），因此在对应的情感维度中记 5；该帖子出现"宁静" 1 次，其情感强度为 5，所属情感小类为安心（PE），因此在对应的情感小类记 5，具体计算过程如表 5.6 所示。由此，研究获取了 21 个情感小类的强度值，并将情感小类强度值合并归入七大类情感，最终获取七大类情感的强度值。因此，七大类情感的强度值即为"乐、好、怒、哀、惧、恶、惊"分类情绪变量的测量依据。

4. 安全信息分享的测量

安全信息分享主要包括安全信息转发和信息点评两个亚维度。线上参与者常常通过信息转发和信息点评等方式来与他人进行信息分享，从而起到了信息扩散与沟通交流的效果。本研究的安全信息转发和信息点评是基于每条帖子被转发、被点评的数量进行测量，因此相比其他变量，其数据具有较大的规模性。

（五）变量描述性统计

研究对国内 436 家中文线上媒体平台进行等频率抽样监测，获取泰国沉船事件（2018/7/5—25）的帖子信息 112313 条，由此形成了该事件的原始数据库。研究根据发帖人的类型进行媒体类型筛选，处理结果为主流媒体 13093

条、商业媒体 29487 条、自媒体 69733 条。鉴于安全信息生产（信息陈述和情绪表达）、安全信息分享（信息转发和信息点评）是表达潜在旅游者个人态度和情绪的变量，因此在自媒体 69733 条信息的基础上去除私人社团等公众号数据，筛选出自媒体中的原创帖子 50960 条数据，并基于 50960 条数据对安全信息生产（信息陈述和情绪表达）、安全信息分享（信息转发和信息点评）等变量进行关键词筛选和测量。

表 5.7　分类情绪的强度值（七大类 21 小类）

分类情绪强度	乐（95895）	好（231933）	怒（1896）	哀（210930）	惧（55515）	恶（199777）	惊（4141）
情绪小类强度（标准单位为 1）	• 快乐（36201） • 安心（51672）	• 尊敬（8698） • 赞扬（124933） • 相信（29301） • 喜爱（26690） • 祝愿（42311）	• 愤怒（1896）	• 悲伤（132770） • 失望（6289） • 疚（7038） • 思（64883）	• 慌（34166） • 恐惧（1528） • 羞（19821）	• 烦闷（11932） • 憎恶（126） • 贬责（172908） • 妒忌（4774） • 怀疑（10037）	• 惊奇（4141）

研究通过关键词检测，基于 HowNet（知网）词典对积极、中性、消极情感等类别的关键词进行情绪区分，研究将中性词视为信息陈述的数据范畴，将积极情感和消极情感合并归入情绪表达的数据范畴，从而实现信息陈述与情绪表达的数据分割，筛选出安全信息陈述 8022 条、安全情绪表达 42938 条。由此，研究基于安全情绪表达的 42938 条数据，根据大连理工大学的《中文情感词汇本体》的情感分类和强度赋值标准，对安全情绪表达的帖子进行 7 大类 21 小类的情绪划分，并计算 7 大类情绪的强度值（见表 5.7）。此外，研究在自媒体原创帖子 50960 条数据的基础上，将每条帖子被转发和点评的数量作为安全信息转发和安全信息点评的数据来源，由此筛选出安全信息分享共 2220703 条，包括安全信息转发 1974990 条、安全信息点评 245713 条。

研究涉及的主要变量包括主流媒体、商业媒体、自媒体、旅游风险感知、安全信息生产（安全信息陈述、安全情绪表达）、安全信息分享（安全信息转发、安全信息点评）。从趋势图来看，安全信息生产和安全信息分享的曲线较为清晰可见，其他变量的趋势曲线都已经被覆盖（见图 5.3），这主要是受到安全信息生产和安全信息分享的变量数据具有较大规模性的影响。研究将安全信息生产和安全信息分享分解为安全信息陈述、安全情绪表达、安全信息转发、安全信息点评等二级维度变量来进行描述性统计，研究发现安全情绪表达的曲线变得清晰，这主要是由于相对于信息陈述变量，安全情绪表达的变量数据也具有一定的规模。总之，从研究变量的时间序列频数变化趋势来看，安全信息分享的频数变化在短期 1 天内急剧上升而后急剧下降，尤其是安全信息转发表现得更为明显，但其他变量的频数变化相对较为持久，呈现平稳状态。

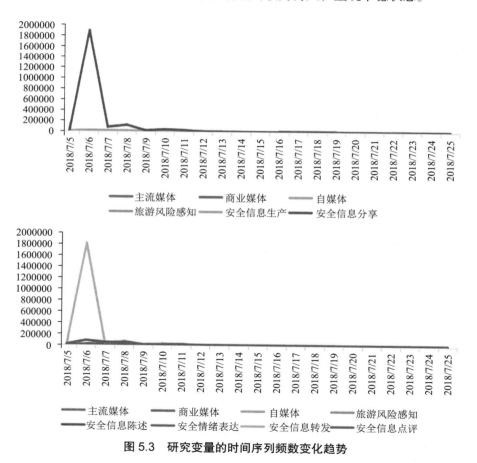

图 5.3　研究变量的时间序列频数变化趋势

　　为了促进趋势图更加清晰直观，研究将数据规模较大的安全信息分享（安全信息转发、安全信息点评）变量与其他主要变量分隔，单独进行描述性统计（见图5.4）。研究发现，主流媒体的报道频数是逐渐上升，较为平稳，呈现持续发展状态；商业媒体起初是跟随主流媒体，但在危机事件第4天开始急剧上升，在第6天前后达到报道频数的高峰期，主要是出于平台流量等商业利益的考虑；自媒体声量则是在危机事件发生的短期内快速上升，在危机事件第2天前后达到高峰期，而后呈现"下降—上升—下降"的波动趋势，总体呈现下降趋势。可见，相比于主流媒体声量，自媒体声量在短期的变化较为明显，而后期的波动也较为频繁。旅游风险感知声量在危机事件发生的第二天前后就急剧上升到高峰值，而后急剧下降，第三天之后下降的速度减缓。安全信息陈述变量的声量虽然也有波动起伏，在危机事件发生的第2天、第6天、第12天前后共出现3次小峰值，但总体较为平缓；但安全情绪表达声量在危机事件第二天就急剧上升达到高峰值，而后逐渐下降，虽然其间也有上升的时间段，但总体呈现下降趋势。可见，相比于信息陈述声量，线上参与者的安全情绪表达声量的规模较大，起伏波动也较大。

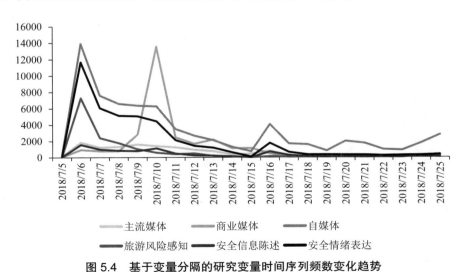

图 5.4　基于变量分隔的研究变量时间序列频数变化趋势

　　从安全信息分享以及安全信息转发、安全信息点评等内部变量的变量描述性统计来看（见图5.5），安全信息分享声量在危机事件发生的第1天急剧上升，于第2天前后到达高峰值，而后在第3天前后急剧下降至低点，之后趋于平缓。从安全信息分享内部变量来看，安全信息转发声量的规模较大，安全信息点评声量的规模较小。安全信息转发声量在第1天就开始急剧上升，于第2天前后到达高峰值，而后急剧下降，在第3天前后下降至低点，而后趋于平缓。安全信息点评声量在第2天和第4天前后出现较高点，但总体较为平缓，没有较大的波动。

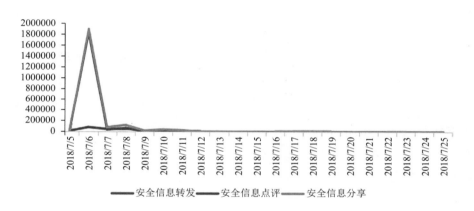

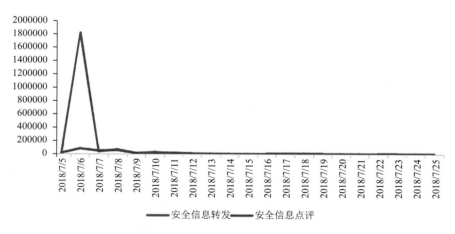

图 5.5 安全信息分享及其内部变量的时间序列频数变化趋势

研究对安全情绪表达变量的声量做进一步分析，将安全情绪表达划分为"乐、好、怒、哀、惧、恶、惊"等分类情绪。从分类情绪的时间序列频数的描述性统计来看（见图5.6），"哀""恶""好"等分类情绪在危机事件发生后第1天急剧上升，于第2天前后到达高峰期，其中："哀"的情绪强度声量规模最大；"乐"和"惧"也于第2天前后到达高峰期，但其情绪强度声量规模较小；而"惊"和"怒"的情绪强度声量规模最小，且相对平缓；安全情绪表达的七大情绪在危机事件发生的第13天前后都下降到较低点并趋于平缓。从分类情绪变量强度声量的时间序列波动变化来看，"哀"的情绪强度声量在危机事件发生的第2天之后，急剧下降，而后虽然在第8天、第12天前后出现2次小高峰，但情绪强度声量规模都很小，总体趋于下降平稳状态。"好"的情绪强度声量先后出现3次较为明显的波动，总体处于下降平缓趋势。"恶"的情绪强度声量波动较大，先后出现5次较为明显的波动，最终趋于下降平缓的状态。"乐"的情绪强度声量先后出现3次较为明显的波动，总体趋于下降平缓。"惧"的情绪强度声量的波动较小，在危机事件发生第2天之后基本处于下降状态，并趋于平稳。相较于其他分类情绪变量的强度声量，"惊"和"怒"基本没有出现波动，一直较为平稳，其中"怒"的情绪强度声量规模最小，其次是"惊"。

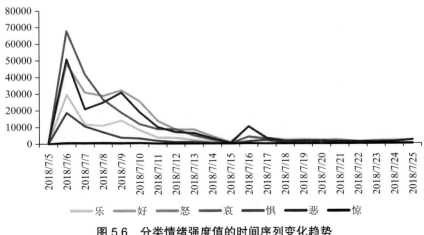

图5.6　分类情绪强度值的时间序列变化趋势

四、假设论证

（一）序列的平稳性检验

单位根检验是格兰杰因果检验和 VAR 模型构建的基础，能够避免变量数据出现"伪回归"现象。本研究采用 ADF 检验对研究所涉及的时间序列进行单位根检验。如表 5.8 所示，在 1% 显著性水平下，研究涉及的所有序列都是平稳序列，即为 I（0）过程，因此满足格兰杰因果检验和建立 VAR 模型的条件。

表 5.8　ADF 单位根检验结果

变量	检验类型 （c, t, k）	ADF 值	Prob.	临界值 1%	临界值 5%	临界值 10%	单位根检验结果
线上媒体总量 TOM	（c, 0, 3）	−6.683595	0.0000	−3.976517	−3.418834	−3.131954	平稳
主流媒体 MM	（c, t, 0）	−7.521218	0.0000	−3.976406	−3.418780	−3.131922	平稳
商业媒体 CM	（c, 0, 5）	−5.866328	0.0000	−3.443254	−2.867124	−2.569806	平稳
自媒体 WM	（c, t, 0）	−6.736020	0.0000	−3.976406	−3.418780	−3.131922	平稳
旅游风险感知 TRP	（c, t, 4）	−5.320556	0.0001	−3.976554	−3.418852	−3.131965	平稳
安全信息生产 SIE	（c, t, 0）	−6.460908	0.0000	−3.976406	−3.418780	−3.131922	平稳
安全信息陈述 SIST	（c, t, 0）	−8.581131	0.0000	−3.976406	−3.418780	−3.131922	平稳
安全情绪表达 SEE	（c, t, 0）	−6.491011	0.0000	−3.976406	−3.418780	−3.131922	平稳
乐 Happy	（c, t, 0）	−9.824038	0.0000	−3.976406	−3.418780	−3.131922	平稳
好 Good	（c, t, 0）	−8.833888	0.0000	−3.976406	−3.418780	−3.131922	平稳
怒 Angry	（c, t, 1）	−12.01300	0.0000	−3.976443	−3.418798	−3.131933	平稳
哀 Sad	（c, t, 10）	−4.815672	0.0005	−3.976781	−3.418962	−3.132030	平稳
惧 Fear	（c, t, 5）	−4.141450	0.0058	−3.976591	−3.418870	−3.131976	平稳
恶 Hate	（c, t, 0）	−8.085997	0.0000	−3.976406	−3.418780	−3.131922	平稳

续表

变量	检验类型 (c , t , k)	ADF 值	Prob.	临界值 1%	临界值 5%	临界值 10%	单位根检验结果
惊 Shock	(c , t , 0)	−12.55993	0.0000	−3.976406	−3.418780	−3.131922	平稳
安全信息分享 SISH	(0, 0, 0)	−22.29799	0.0000	−2.569567	−1.941454	−1.616276	平稳
安全信息转发 SIF	(0, 0, 0)	−22.35333	0.0000	−2.569567	−1.941454	−1.616276	平稳
安全信息点评 SIC	(c , t , 1)	−12.96655	0.0000	−3.976443	−3.418798	−3.131933	平稳

注：△表示一阶差分序列；检验类型中的 c 、 t 、 k 分别表示单位根检验模型中的截距项、时间趋势项和滞后阶数。滞后阶数根据 AIC 最小准则进行选取。

（二）格兰杰因果检验

研究采用格兰杰因果关系（Granger）检验方法来分析线上媒体声量、线上分类媒体声量、安全信息生产以及安全信息分享等变量之间是否存在因果关系。Granger 因果检验能够揭示过去的自变量（如媒体声量）在多大程度上能够解释现在的因变量（如安全信息生产声量），以及在加入自变量的滞后值后解释程度是否有所提高。ALL 所代表的数值表示所有滞后内生变量联合显著的 χ^2 统计量，当存在某一个滞后内生变量不显著的情况下，可以通过这一指标来判断所有滞后内生变量的联合显著情况[264]。研究通过 40 个 VAR 模型对变量间的动态关系逐一进行检验，其中旅游危机线上媒体声量信号的影响作用建立的 VAR 模型共 20 个，参与者风险感知声量信号的影响作用建立的 VAR 模型共 11 个，参与者安全沟通声量信号的影响作用建立的 VAR 模型共 9 个。研究结果显示，所构建的 VAR 模型均能够通过 Granger 因果检验，说明变量间存在因果关系，有动态影响作用。具体检验结果如表5.9、表5.10、表5.11 所示。

表 5.9　旅游危机线上媒体声量信号的格兰杰因果检验结果

模型	自变量	Excluded	Chi-sq	df	Prob.	模型	自变量	Excluded	Chi-sq	df	Prob.
1	旅游风险感知 TRP	MM	6.592	4	0.159	10	安全情绪表达 SEE	MM	41.665	4	0.000
		CM	7.276	4	0.122			CM	31.074	4	0.000
		WM	29.462	4	0.000			WM	12.182	4	0.016
		All	46.994	12	0.000			All	82.315	12	0.000
2	安全信息生产 SIG	TOM	33.468	4	0.000	11	乐 Happy	MM	29.974	4	0.000
		All	33.468	4	0.000			CM	11.271	4	0.024
3	安全信息陈述 SIST	TOM	20.135	4	0.001			WM	13.258	4	0.010
		All	20.135	4	0.001			All	72.528	12	0.000
4	安全情绪表达 SEE	TOM	25.856	4	0.000	12	好 Good	MM	59.792	2	0.000
		All	25.856	4	0.000			CM	22.202	2	0.000
5	安全信息分享 SISH	TOM	6.479	2	0.039			WM	33.630	2	0.000
		All	6.479	2	0.039			All	164.927	6	0.000
6	安全信息转发 SIF	TOM	15.290	4	0.004	13	怒 Angry	MM	3.990	2	0.136
		All	15.290	4	0.004			CM	42.808	2	0.000
7	安全信息点评 SIC	TOM	14.560	4	0.006			WM	31.914	2	0.000
		All	14.560	4	0.006			All	96.737	6	0.000
8	安全信息生产 SIG	MM	45.174	4	0.000	14	哀 Sad	MM	11.046	4	0.026
		CM	37.777	4	0.000			CM	9.923	4	0.042
		WM	7.053	4	0.133			WM	12.324	4	0.015
		All	86.203	12	0.000			All	30.964	12	0.002
9	安全信息陈述 SIST	MM	62.609	3	0.000	15	惧 Fear	MM	6.724	4	0.151
		CM	21.050	3	0.000			CM	13.789	4	0.008
		WM	10.976	3	0.012			WM	20.331	4	0.000
		All	106,144	9	0.000			All	44.187	12	0.000

续表

模型	自变量	Excluded	Chi-sq	df	Prob.	模型	自变量	Excluded	Chi-sq	df	Prob.
16	恶 Hate	MM	60.613	4	0.000	19	安全信息转发 SIF	MM	43.141	4	0.000
		CM	10.286	4	0.036			CM	3.739	4	0.442
		WM	6.930	4	0.140			WM	12.145	4	0.016
		All	88.106	12	0.000			All	87.019	12	0.000
17	惊 Shock	MM	14.253	4	0.007	20	安全信息点评 SIC	MM	21.801	4	0.000
		CM	16.854	4	0.002			CM	9.0378	4	0.060
		WM	47.683	4	0.000			WM	15.501	4	0.004
		All	137.131	12	0.000			All	63.551	12	0.000
18	安全信息分享 SISH	MM	43.516	4	0.000						
		CM	3.962	4	0.411						
		WM	12.595	4	0.013						
		All	88.972	12	0.000						

注：线上媒体总量：Total online media（TOM）；主流媒体：Mainstream media（MM）；商业媒体：Commercial media（CM）；自媒体：We-Media（WM）。

表5.10 参与者风险感知声量信号的格兰杰因果检验结果

模型	Dependent variable	Excluded	Chi-sq	df	Prob.	模型	Dependent variable	Excluded	Chi-sq	df	Prob.
1	安全信息陈述 SIST	TRP	21.410	4	0.000	4	好 Good	TRP	37.483	5	0.000
		All	21.410	4	0.000			All	37.483	5	0.000
2	安全情绪表达 SEE	TRP	31.592	6	0.000	5	怒 Angry	TRP	46.722	5	0.000
		All	31.592	6	0.000			All	46.722	5	0.000
3	乐 Happy	TRP	7.482	2	0.024	6	哀 Sad	TRP	13.411	4	0.009
		All	7.482	2	0.024			All	13.411	4	0.009

模型	Dependent variable	Excluded	Chi-sq	df	Prob.	模型	Dependent variable	Excluded	Chi-sq	df	Prob.
7	惧 Fear	TRP	8.874	2	0.012	10	安全信息转发 SIF	TRP	14.258	4	0.007
		All	8.874	2	0.012			All	14.258	4	0.007
8	恶 Hate	TRP	12.741	4	0.013	11	安全信息点评 SIC	TRP	18.169	6	0.006
		All	12.741	4	0.013			All	18.169	6	0.006
9	惊 Shock	TRP	77.591	5	0.000						
		All	77.591	5	0.000						

表 5.11　参与者安全沟通声量信号的格兰杰因果检验结果

模型	Dependent variable	Excluded	Chi-sq	df	Prob.	模型	Dependent variable	Excluded	Chi-sq	df	Prob.
1	旅游安全信息分享 STSI	SIST	36.334	6	0.000	6	安全信息点评 SIC	SEE	34.873	6	0.000
		All	36.334	6	0.000			All	34.873	6	0.000
2	安全信息转发 SIF	SIST	7.115	1	0.008	7	安全信息分享 SISH	SIG	40.587	6	0.000
		All	7.115	1	0.008			All	40.587	6	0.000
3	安全信息点评 SIC	SIST	28.298	4	0.000	8	安全情绪表达 SEE	SIST	27.290	4	0.000
		All	28.298	4	0.000			All	27.290	4	0.000
4	旅游安全信息分享 STSI	SEE	42.594	4	0.000	9	安全信息点评 SIC	SIF	38.629	6	0.000
		All	42.594	4	0.000			All	38.629	6	0.000
5	安全信息转发 SIF	SEE	41.176	6	0.000						
		All	41.176	6	0.000						

（三）脉冲响应函数分析

脉冲响应函数可以测量一个内生变量对误差冲击的反应，以揭示多个时间段内变量相互作用的动态变化[265]。研究在构建 VAR 模型的基础上通过脉冲响应函数（Impulse response function，IRF）来分析旅游危机线上媒体声量、安全信息生产声量、安全信息分享声量等变量间的动态响应过程。研究将脉冲响应函数图的横轴设定为 24（h）的冲击响应周期数，纵轴表示安全信息生产和安全信息分享的冲击响应函数。为解释变量间的相互作用程度，研究进一步采用方差分解（Variance decomposition）来分析每个冲击对内生变量变化的贡献度，从而评价其相对重要程度[266]，以分析旅游危机线上媒体声量信号冲击的重要性。

1. 旅游危机线上媒体声量信号对旅游风险感知的影响

如图 5.7 所示，从线上分类媒体声量信号和旅游风险感知之间的关系来看，当主流媒体声量信号对旅游风险感知发生正向冲击后，旅游风险感知首先产生正向影响，这种正向影响逐渐增强至第 3 期左右达到峰值，之后逐渐波动减弱；当商业媒体声量信号对旅游风险感知发生正向冲击后，旅游风险感知在第 1 期产生微弱的正向影响，自第 2 期开始产生负向波动，并在第 7 期左右达到最低值，之后呈现缓慢增加的趋势；当自媒体声量信号对旅游风险感知发生正向冲击后，旅游风险感知首先产生正向波动，这种正向波动逐渐增强至第 3 期达到峰值，之后逐渐减弱，在第 7 期左右出现小高峰，随后逐渐减弱。

为进一步分析线上分类媒体声量信号对旅游风险感知的贡献大小，研究通过方差分解深入分析每个冲击信号对内生变量的贡献，如表 5.12 所示。第 1 期主流媒体声量信号对旅游风险感知的贡献率为 5%，第 20 期达到最高为 30.4%，之后趋于稳定；第 1 期商业媒体声量信号对旅游风险感知的贡献率为 0%，第 20 期达到最高为 3%，之后趋于稳定；第 1 期自媒体声量信号对旅游风险感知的贡献率为 22.7%，第 20 期达到最高为 30.4%，之后趋于稳定。由此可见，参与者旅游风险感知所受到的媒体影响主要来源于主流媒体和自媒体的声量信号冲击，商业媒体对旅游风险感知的贡献很低。主流媒体和自媒体对旅游风险感知的贡献随着预测期的增长而增长，自媒体对风险感知的贡献在 20 期之前高于主流媒体，20 期开始主流媒体和自媒体的贡献趋于一致。由此，假设 H1 得到验证。

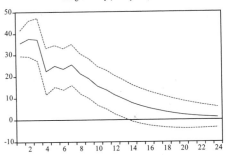

图 5.7 线上媒体声量信号对旅游风险感知的脉冲响应函数

表 5.12 方差分解结果

单位（%）

自变量	Period 因变量	1	5	10	15	20	24
主流媒体 MM	旅游风险感知 TRP	5.064	17.592	24.100	28.588	30.371	30.846
商业媒体 CM	旅游风险感知 TRP	0.030	0.663	2.295	2.864	3.040	3.076
自媒体 WM	旅游风险感知 TRP	22.743	28.837	32.277	31.171	30.431	30.212

2. 旅游危机线上媒体声量信号对安全行为的影响

（1）旅游危机线上媒体声量总量信号对安全行为的影响

线上媒体声量总量信号的脉冲响应函数（见图 5.8）结果表明：第一，总量信号以震荡向下的形态对安全信息生产形成正向冲击和影响，安全信息陈述和安全情绪表达两个分类维度对总量信号的响应形态与安全信息生产的响应形态保持一致。方差分解的结果如表 5.13 所示，第 1 期线上媒体声量信号对安全信息生产的贡献率为 46.8%，而后有所下降，第 20 期左右开始稳定在 36.4%，之后趋于平缓。第 1 期线上媒体声量信号对安全信息陈述的贡献率为 31.6%，第 15 期达到最高为 44.5%，之后趋于稳定。第 1 期线上媒体声量信号对安全情绪表达的贡献率为 43.3%，第 20 期开始稳定在 35.3% 左右。可见，总量信号对安全信息生产、安全信息陈述、安全情绪表达均具有正向促进作用，总量信号对安全信息生产及其内在维度具有高比率的贡献水平。由此，假设 H2 得到验证。

第二，总量信号对安全信息分享具有正向的波动型影响，其影响方式呈现 V 形长影向下的形态。总量信号对安全信息转发呈现 W 形态的动态影响，这种影响总体上以正向为主、有部分时段呈现负向影响。总信号对安全信息点评则呈现 W 形态的正向冲击和影响。方差分解的结果显示，第 1 期线上媒体声量信号对安全信息分享的贡献率较低，趋近于零，第 12 期开始稳定在 1.7% 左右。第 1 期线上媒体声量信号对安全转发的贡献率为 0.6%，第 7 期左右开始稳定为 3.5%，之后趋于平缓。第 1 期线上媒体声量信号对安全信息点评的贡献率为 4.1%，第 15 期左右开始稳定为 8.9%，之后趋于平缓。可见，总量信号对安全信息分享及安全信息点评具有正向促进作用，对安全信息转发呈现以正向促进为主的动态影响，总量信号对安全信息分享及其内在维度具有稳定但较低比率的贡献水平。由此，假设 H3 得到验证。

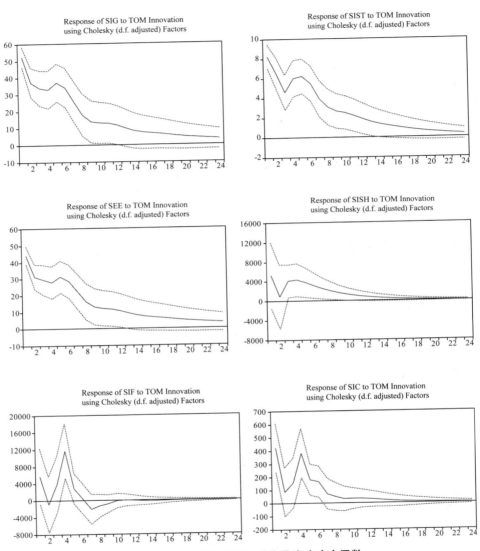

图 5.8　线上媒体声量总量信号脉冲响应函数

表 5.13　方差分解结果

单位（%）

自变量	因变量 / Period	1	5	10	15	20	24
线上媒体总量 TOM	安全信息生产 SIG	46.821	41.813	39.704	37.461	36.367	35.934
	安全信息陈述 SIST	31.565	41.222	44.094	44.504	44.586	44.602
	安全情绪表达 SEE	43.287	39.86	38.333	36.34	35.34	34.935
	安全信息分享 SISH	0.48	1.327	1.72	1.759	1.763	1.763
	安全信息转发 SIF	0.61	3.447	3.565	3.567	3.567	3.568
	安全信息点评 SIC	4.13	8.168	8.84	8.902	8.909	8.91
主流媒体 MM	安全信息生产 SIE	15.123	39.850	49.167	50.716	51.157	51.157
	安全信息陈述 SIST	9.807	43.810	54.398	57.075	57.541	57.605
	安全情绪表达 SEE	13.539	35.907	44.963	46.463	46.583	46.824
	安全信息分享 SISH	0.894	13.140	13.181	13.187	13.186	13.187
	安全信息转发 SIF	0.718	12.660	12.677	12.682	12.682	12.683
	安全信息点评 SIC	5.340	14.512	16.145	16.460	16.512	16.519
商业媒体 CM	安全信息生产 SIE	1.165	1.284	2.559	3.002	3.206	3.206
	安全信息陈述 SIST	2.679	2.130	2.870	2.795	2.796	2.800
	安全情绪表达 SEE	0.853	1.203	2.231	2.609	2.656	2.746
	安全信息分享 SISH	0.148	0.650	0.738	0.766	0.770	0.770
	安全信息转发 SIF	0.151	0.607	0.691	0.718	0.721	0.721
	安全信息点评 SIC	0.010	1.078	1.168	1.195	1.201	1.202
自媒体 WM	安全信息生产 SIE	72.330	47.163	34.961	30.604	28.214	28.214
	安全信息陈述 SIST	36.371	28.382	22.998	21.569	21.307	21.270
	安全情绪表达 SEE	71.079	49.370	36.940	32.213	31.672	30.231
	安全信息分享 SISH	0.029	2.331	2.365	2.366	2.366	2.366
	安全信息转发 SIF	0.008	2.177	2.212	2.213	2.213	2.214
	安全信息点评 SIC	2.342	4.997	5.043	5.030	5.026	5.026

（2）旅游危机线上分类媒体声量信号对安全行为的影响

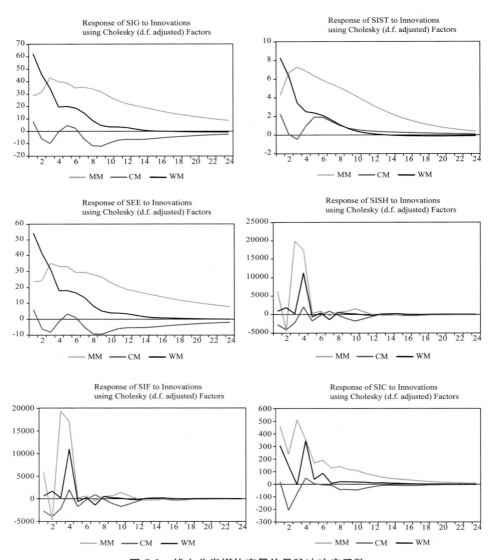

图 5.9　线上分类媒体声量信号脉冲响应函数

　　旅游危机线上分类媒体声量包括线上主流媒体声量、线上商业媒体声量、线上自媒体声量等声量信号，它们对安全信息生产、安全信息分享等变量间的脉冲效应图如图 5.9 所示。脉冲响应函数的结果表明：第一，主流媒体对安全信息生产呈现低—高—低的震荡型正向波动影响，自媒体呈现由高到低的平滑型正向波动影响，商业媒体则呈现震荡型正负交叉影响。安全信息陈述和安全情绪表达对分类媒体声量信号的响应形态与安全信息生产的响应形态基本一致。根据方差分解结果（见表 5.13），从分类媒体对安全信息生产的贡献来看，第 1 期主流媒体声量信号对安全信息生产的贡献为 15.1%，第 20 期达到最高为 51.2%，之后趋于稳定；第 1 期商业媒体声量信号对安全信息生产的贡献为 1.2%，从第 10 期开始稳定在 2.6% 左右；第 1 期自媒体声量信号对安全信息生产的贡献为 72.3%，之后逐渐下降，第 20 期开始稳定为 28.2%。从分类媒体对安全信息生产内在维度的贡献来看，自媒体对信息陈述（36.4%）的短期贡献率大于主流媒体（9.8%）和商业媒体（2.7%），但主流媒体（57.6%）对信息陈述的长期贡献率大于自媒体（21.3%）和商业媒体（2.8%）。自媒体对情绪表达（71.1%）的短期贡献率大于主流媒体（13.5%）和商业媒体（0.9%），但主流媒体（46.8%）对情绪表达的长期贡献率大于自媒体（30.2%）和商业媒体（2.7%）。

可见，安全信息生产主要受到主流媒体和自媒体声量信号的影响，商业媒体声量信号的影响很低。主流媒体对安全信息生产的贡献随着预测期的增长而增长，而自媒体对安全信息生产的贡献随着预测期的增加而减弱。因此，从短期来看，自媒体声量信号更能够促进安全信息生产，但从长期来看主流媒体声量信号对安全信息生产的影响更大。总体上，主流媒体、商业媒体和自媒体对安全信息生产的动态影响存在明显的差异性。由此，假设 H4 得到验证。

第二，研究以大连理工大学《中文情感词汇本体》为标准，将安全情绪表达划分为"乐""好""怒""哀""惧""恶""惊"等分类情绪。研究进一步分析旅游危机线上分类媒体声量信号对安全分类情绪的影响，其变量间的脉冲响应图如图 5.10 至图 5.16 所示。脉冲响应函数的结果表明：①从线上分类媒体声量信号和分类情绪"乐"之间的关系来看，当主流媒体声量信号对分类情绪"乐"发生正向冲击后，分类情绪"乐"首先产生正向影响，这种正向影响逐渐增强至第 4 期左右达到峰值，之后逐渐波动减弱；当商业媒体声量信号对分类情绪"乐"发生正向冲击后，分类情绪"乐"在第 1 期产生微弱的正向影响，自第 2 期开始产生负向波动，并在第 8 期左右达到最低值，之后呈现缓慢增加的趋势；当自媒体声量信号对分类情绪"乐"发生正向冲击后，分类情绪"乐"首先产生正向波动，这种正向波动在第 1 期达到峰值，之后逐渐减弱。

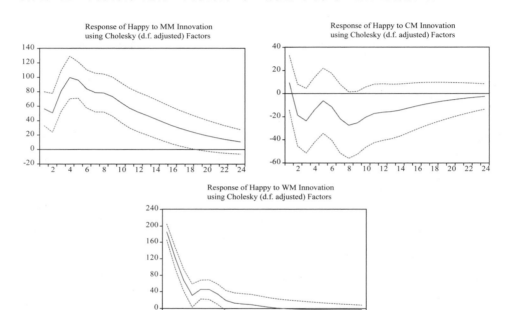

图 5.10　在线分类媒体声量信号对"乐"的脉冲响应函数

　　为进一步分析线上分类媒体声量信号对分类情绪"乐"的贡献大小，研究通过方差分解深入分析每个冲击信号对内生变量的贡献，如表 5.14 所示。第 1 期主流媒体声量信号对分类情绪"乐"的贡献率为 4.6%，第 20 期达到最高为40.6% 左右，之后趋于稳定；第 1 期商业媒体声量信号对分类情绪"乐"的贡献率为 0%，第 10 期开始达到 2.2% 以上，之后趋于稳定；第 1 期自媒体声量信号对分类情绪"乐"的贡献率为 49.5%，第 10 期达到 36.4%，之后趋于稳定。由此可见，参与者的情绪"乐"所受到的媒体影响主要来源于主流媒体和自媒体的声量信号冲击，商业媒体对分类情绪"乐"的贡献很低。主流媒体对分类情绪"乐"的贡献随着预测期的增长而增长，而自媒体对分类情绪"乐"的贡献在短期内先增长后降低。在第 10 期以前，自媒体对分类情绪"乐"的贡献高于主流媒体；第 10 期之后，主流媒体对分类情绪"乐"的贡献反超自媒体。因此，从长期来看，主流媒体对分类情绪"乐"的贡献更高。

　　②从线上分类媒体声量信号和分类情绪"好"之间的关系来看，当主流媒体声量信号对分类情绪"好"发生正向冲击后，分类情绪"好"首先产生正向影响，这种正向影响逐渐增强至第 4 期左右达到峰值，之后逐渐波动减弱；当商业媒体声量信号对分类情绪"好"发生正向冲击后，分类情绪"好"在第 1 期产生微弱的正向影响，自第 2~4 期开始产生负向波动，并于第 2 期左右达到最低值；第 5 期左右开始产生正向波动，之后呈现缓慢减弱并趋于稳定；当自媒体声量信号对分类情绪"好"发生正向冲击后，分类情绪"好"首先产生正向波动，这种正向波动在第 1 期达到峰值，之后逐渐减弱。

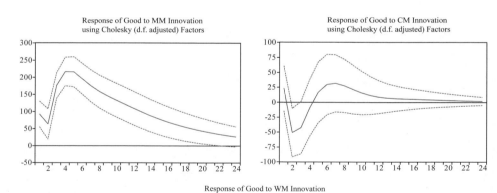

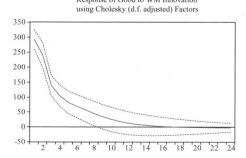

图 5.11　在线分类媒体声量信号对"好"的脉冲响应函数

为进一步分析线上分类媒体声量信号对分类情绪"好"的贡献大小，研究通过方差分解深入分析每个冲击信号对内生变量的贡献，如表5.14所示。第1期主流媒体对分类情绪"好"的贡献为4.8%，第20期开始达到52.4%以上，之后趋于稳定；第1期商业媒体对分类情绪"好"的贡献为0.3%，至第10期开始为1.5%；第1期自媒体对分类情绪"好"的贡献为47.9%，第2期上升为56%，而后有所下降，于第15期开始稳定在30%左右。由此可见，参与者的情绪"好"所受到的媒体影响主要来源于主流媒体和自媒体的声量信号冲击，商业媒体对分类情绪"好"的贡献很低。主流媒体对分类情绪"好"的贡献随着预测期的增长而增长，而自媒体对分类情绪"好"的贡献随着预测期的增长，在短期内先增长后降低。在第5期以前，自媒体对分类情绪"好"的贡献高于主流媒体，第5期之后，主流媒体对分类情绪"好"的贡献反超自媒体。因此，从长期来看，主流媒体对分类情绪"好"的贡献更高。

③从线上分类媒体声量信号和分类情绪"怒"之间的关系来看，当主流媒体声量信号对分类情绪"怒"发生正向冲击后，分类情绪"怒"首先产生正向影响，这种正向影响在第2期下降至最低值，之后逐渐增强至第8期左右达到峰值，而后逐渐减弱并趋于稳定；当商业媒体声量信号对分类情绪"怒"发生正向冲击后，分类情绪"怒"在第1期产生微弱的正向影响，自第2~3期开始产生负向波动，并于第2期左右达到最低值；第3期末开始产生正向波动，并在第5期左右达到峰值，之后呈现缓慢减弱并趋于稳定；当自媒体声量信号对分类情绪"怒"发生正向冲击后，分类情绪"怒"首先产生正向波动，这种正向波动在第1期达到峰值，之后逐渐减弱。

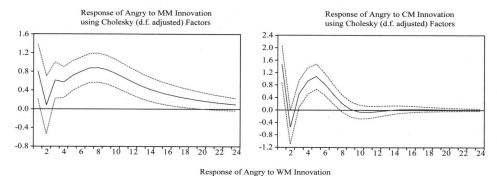

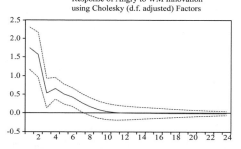

图 5.12　在线分类媒体声量信号对"怒"的脉冲响应函数

为进一步分析线上分类媒体声量信号对分类情绪"怒"的贡献大小，研究通过方差分解深入分析每个冲击信号对内生变量的贡献，如表 5.14 所示。第 1 期主流媒体对分类情绪"怒"的贡献为 1.4%，第 13 期达到最高为 11%，之后趋于稳定；第 1 期商业媒体对分类情绪"怒"的贡献为 4.8%，至第 10 期开始为 10% 左右；第 1 期自媒体对分类情绪"怒"的贡献为 6.6%，第 2 期开始稳定在 12% 左右。由此可见，从短期来看，自媒体对分类情绪"怒"的贡献最高，商业媒体其次，主流媒体的贡献最低。但从长期来看，参与者的情绪"怒"所受到的媒体影响主要来源于主流媒体、自媒体以及商业媒体的声量信号冲击，其中主流媒体对分类情绪"怒"的贡献最高，自媒体其次，商业媒体对分类情绪"怒"的贡献最低，但是三者的贡献差别较小，因而所受的影响较为均衡。

④从线上分类媒体声量信号和分类情绪"哀"之间的关系来看，当主流媒体声量信号对分类情绪"哀"发生正向冲击后，分类情绪"哀"首先产生

正向影响，这种正向影响逐渐增强至第 4 期左右达到峰值，之后逐渐波动减弱；当商业媒体声量信号对分类情绪"哀"发生正向冲击后，分类情绪"哀"在第 1 期产生微弱的正向影响，自第 2 期开始产生负向波动，并在第 8 期左右达到最低值，之后呈现缓慢增加的趋势；当自媒体声量信号对分类情绪"哀"发生正向冲击后，分类情绪"哀"首先产生正向波动，这种正向波动在第 1 期达到峰值，之后逐渐波动减弱。

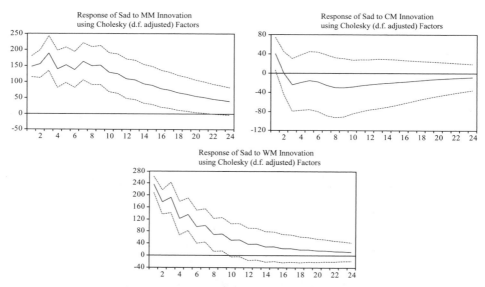

图 5.13　在线分类媒体声量信号对"哀"的脉冲响应函数

　　为进一步分析线上分类媒体声量信号对分类情绪"哀"的贡献大小，研究通过方差分解深入分析每个冲击信号对内生变量的贡献，如表 5.14 所示。第 1 期主流媒体声量信号对分类情绪"哀"的贡献率为 14.9%，第 20 期达到 39% 以上，之后趋于稳定；第 1 期商业媒体声量信号对分类情绪"哀"的贡献率为 1.1%，第 15 期开始达到 1.2% 以上，之后趋于稳定；第 1 期自媒体声量信号对分类情绪"哀"的贡献率为 38.1%，第 20 期达到 24.6%，之后趋于稳定。由此可见，参与者的情绪"哀"所受到的媒体影响主要来源于主流媒体和自媒体的声量信号冲击，商业媒体对分类情绪"哀"的贡献很低。主流媒体对分类情绪

"哀"的贡献随着预测期的增长而增长，而自媒体对分类情绪"哀"的贡献在短期内先增长后降低，并趋于稳定。在第 10 期以前，自媒体对分类情绪"哀"的贡献高于主流媒体；第 10 期之后，主流媒体对分类情绪"哀"的贡献反超自媒体。因此，从长期来看，主流媒体对分类情绪"哀"的贡献更高。

⑤从线上分类媒体声量信号和分类情绪"惧"之间的关系来看，当主流媒体声量信号对分类情绪"惧"发生正向冲击后，分类情绪"惧"首先产生正向影响，这种正向影响逐渐增强至第 3 期初期达到峰值，之后逐渐波动减弱；当商业媒体声量信号对分类情绪"惧"发生正向冲击后，分类情绪"惧"在第 1 期产生微弱的正向影响，自第 2 期开始产生负向波动，并在第 4 期左右达到最低值，之后呈现缓慢增加的趋势；当自媒体声量信号对分类情绪"惧"发生正向冲击后，分类情绪"惧"首先产生正向波动，这种正向波动在第 1 期达到峰值，之后逐渐波动减弱。

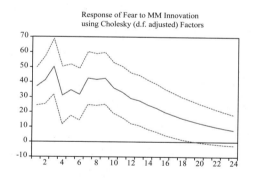

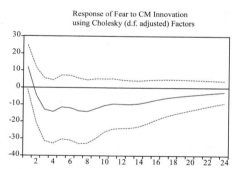

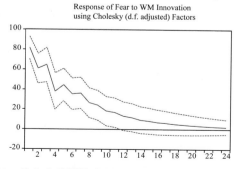

图 5.14　线上分类媒体声量信号对"惧"的脉冲响应函数

为进一步分析线上分类媒体声量信号对分类情绪"惧"的贡献大小，研究通过方差分解深入分析每个冲击信号对内生变量的贡献，如表5.14所示。第1期主流媒体声量信号对分类情绪"惧"的贡献率为6.6%，第20期达到29%以上，之后趋于稳定；第1期商业媒体声量信号对分类情绪"惧"的贡献率为0.7%左右，第15期开始达到2.8%以上，之后趋于稳定；第1期自媒体声量信号对分类情绪"惧"的贡献率为32.2%，第5期达到36.3%，之后稍有下降，并于15期之后趋于稳定（32%~33%）。由此可见，参与者的情绪"惧"所受到的媒体影响主要来源于主流媒体和自媒体的声量信号冲击，商业媒体对分类情绪"惧"的贡献很低。主流媒体对分类情绪"惧"的贡献随着预测期的增长而增长，而自媒体对分类情绪"惧"的贡献在短期内先增长后降低，但下降幅度较小，并趋于稳定（33%左右）。但无论是从长期还是短期来看，自媒体对分类情绪"惧"的贡献始终高于主流媒体。

⑥从线上分类媒体声量信号和分类情绪"恶"之间的关系来看，当主流媒体声量信号对分类情绪"恶"发生正向冲击后，分类情绪"恶"首先产生正向影响，这种正向影响逐渐增强至第4期达到峰值，之后逐渐减弱；当商业媒体声量信号对分类情绪"恶"发生正向冲击后，分类情绪"恶"在第1期产生微弱的正向影响，自第1期末开始产生负向波动，并在第3期左右达到最低值，于第9期开始呈现缓慢增加的趋势；当自媒体声量信号对分类情绪"恶"发生正向冲击后，分类情绪"恶"首先产生正向波动，这种正向波动在第1期达到峰值，但在第11期左右开始产生负向波动，之后逐渐减弱。

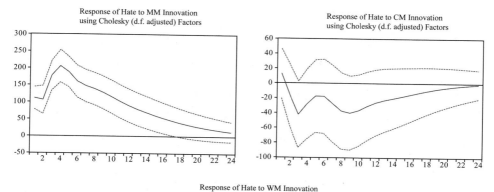

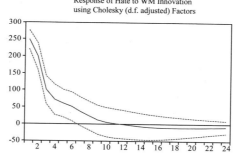

图 5.15　线上分类媒体声量信号对"恶"的脉冲响应函数

为进一步分析线上分类媒体声量信号对分类情绪"恶"的贡献大小，研究通过方差分解深入分析每个冲击信号对内生变量的贡献，如表 5.14 所示。第 1 期主流媒体声量信号对分类情绪"恶"的贡献率为 8.9%，第 15 期开始达到 51% 以上，之后趋于稳定；第 1 期商业媒体声量信号对分类情绪"恶"的贡献率为 0.1% 左右，第 15 期开始达到 2.2% 以上，之后趋于稳定；第 1 期自媒体声量信号对分类情绪"恶"的贡献率为 44.4%，之后稍有下降，并于 15 期之后趋于稳定（23%~24%）。由此可见，参与者的情绪"恶"所受到的媒体影响主要来源于主流媒体和自媒体的声量信号冲击，商业媒体对分类情绪"恶"的贡献很低。主流媒体对分类情绪"恶"的贡献随着预测期的增长而增长，而自媒体对分类情绪"恶"的贡献在短期内先增长后降低，并趋于稳定（23%~24%）。从短期来看，自媒体对分类情绪"恶"的贡献仅在第 1~4 期高于主流媒体，但从长期来看，主流媒体对分类情绪"恶"的贡献始终高于自媒体。

⑦从线上分类媒体声量信号和分类情绪"惊"之间的关系来看，当主流媒体声量信号对分类情绪"惊"发生正向冲击后，分类情绪"惊"首先产生正向影响，这种正向影响在第5期左右达到峰值，而后逐渐减弱并趋于稳定；当商业媒体声量信号对分类情绪"惊"发生正向冲击后，分类情绪"惊"在第1期产生微弱的正向影响，自第2~3期开始产生负向波动，并于第3期左右达到最低值；第4期开始产生正向波动，并在第5期左右达到峰值，之后呈现缓慢减弱，于第7期开始产生负向波动，之后逐渐增长并趋于稳定；当自媒体声量信号对分类情绪"惊"发生正向冲击后，分类情绪"惊"首先产生正向波动，这种正向波动在第2期左右达到峰值，之后逐渐减弱。

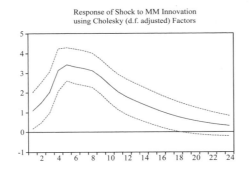
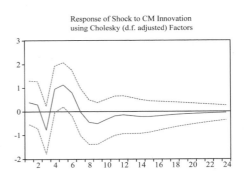
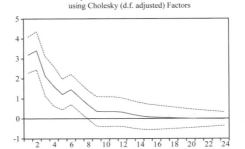

图 5.16　线上分类媒体声量信号对"惊"的脉冲响应函数

为进一步分析线上分类媒体声量信号对分类情绪"惊"的贡献大小，研究通过方差分解深入分析每个冲击信号对内生变量的贡献，如表 5.14 所示。第 1

期主流媒体对分类情绪"惊"的贡献为 1.1%，第 16 期达到最高为 39%，之后趋于稳定；第 1 期商业媒体对分类情绪"惊"的贡献为 0.1%，从第 10 期开始稳定在 2% 左右；第 1 期自媒体对分类情绪"惊"的贡献为 9.4%，第 3 期达到 19%，第 15 期开始稳定在 15% 左右。由此可见，参与者的情绪"惊"所受到的媒体影响主要来源于主流媒体、自媒体以及商业媒体的声量信号冲击，商业媒体的贡献很低。主流媒体对分类情绪"惊"的贡献随着预测期的增长而增长，而自媒体对分类情绪"惊"的贡献在短期内先增长，而后有所下降，并趋于稳定（15%左右）。从短期来看，自媒体对分类情绪"惊"的贡献仅在第 1~5 期高于主流媒体，但从长期来看，主流媒体对分类情绪"惊"的贡献始终高于自媒体。

综上所述，七大分类情绪主要受到主流媒体和自媒体声量信号的影响，商业媒体声量信号的影响很低。主流媒体对分类情绪的贡献随着预测期的增长而增长，而自媒体对分类情绪的贡献随着预测期的增加而减弱。自媒体对分类情绪的短期贡献率大于主流媒体和商业媒体，但主流媒体对分类情绪的长期贡献率大于自媒体和商业媒体。可见，分类情绪受到主流媒体、商业媒体、自媒体声量信号的影响规律与情绪表达的总量保持一致，有所不同的是，主流媒体、商业媒体和自媒体声量信号对七大分类情绪的动态影响的贡献率存在一定的差异性。由此，假设 H4 得到进一步的验证。

第三，主流媒体对安全信息分享呈现高—低—高—低—高—低—高—低的震荡型正负交叉波动影响、总体以正向影响为主，自媒体呈现低—高—低—高—低—高—低—高—低的震荡型正负交叉波动影响、总体以正向影响为主，商业媒体则呈现高—低—高—低—高—低—高的震荡型正负交叉影响、总体以负向为主（见图 5.9）。根据方差分解结果（见表 5.13），第 1 期主流媒体声量信号对安全信息分享的贡献率为 0.9%，第 10 期达到最高为 13.2%，之后趋于稳定；商业媒体声量信号对安全信息分享的贡献始终为 1% 以下；第 1 期自媒体声量信号对安全信息分享的贡献率为 0.03%，第 5 期开始稳定为 2.3% 左右。从分类媒体对安全信息分享内在维度的贡献率来看，主流媒体、商业媒体和自媒体对安全信息转发的短期贡献率均在 1% 以下，但主流媒体（12.7%）对安全信息转发的长期贡献率大于自媒体（2.2%）和商业媒体

（0.7%）。主流媒体对安全信息点评（5.3%）的短期贡献率大于自媒体（2.3%）和商业媒体（0.01%），主流媒体（16.5%）对安全信息点评的长期贡献率也大于自媒体（5.0%）和商业媒体（1.2%）。可见，安全信息分享主要受到主流媒体声量信号的影响，主流媒体、商业媒体和自媒体对安全信息分享的动态影响形态及其贡献率都存在明显的差异性。由此，假设 H5 得到验证。

表 5.14　方差分解结果

单位（%）

自变量	Period / 因变量	1	5	10	15	20	24
主流媒体 MM	乐 Happy	4.582	24.637	36.202	39.658	40.606	40.805
	好 Good	4.817	32.318	47.047	51.229	52.421	52.720
	怒 Angry	1.419	3.494	9.171	11.202	11.657	11.750
	哀 Sad	14.927	25.667	34.605	37.657	38.695	39.034
	惧 Fear	6.620	15.657	24.543	28.258	29.426	29.744
	恶 Hate	8.890	37.677	48.476	50.931	51.434	51.492
	惊 Shock	1.103	17.880	34.708	38.407	39.247	39.407
商业媒体 CM	乐 Happy	0.132	0.956	2.174	2.638	2.756	2.770
	好 Good	0.309	1.249	1.514	1.444	1.422	1.416
	怒 Angry	4.751	8.969	9.912	9.702	9.656	9.646
	哀 Sad	1.138	0.589	0.957	1.168	1.252	1.277
	惧 Fear	0.689	1.337	2.326	2.791	2.957	3.000
	恶 Hate	0.122	0.935	1.833	2.235	2.299	2.297
	惊 Shock	0.140	1.851	1.978	1.935	1.948	1.949
自媒体 WM	乐 Happy	49.455	44.575	36.380	33.569	32.815	32.671
	好 Good	47.944	42.514	33.515	30.865	30.091	29.895
	怒 Angry	6.645	12.170	11.689	11.424	11.366	11.355
	哀 Sad	38.120	32.431	28.047	25.549	24.577	24.246
	惧 Fear	32.161	36.255	35.331	33.647	33.027	32.853
	恶 Hate	44.368	34.107	26.376	24.192	23.776	23.752
	惊 Shock	9.432	18.446	15.970	15.126	14.897	14.851

3. 旅游风险感知声量信号对安全行为的影响

潜在旅游者线上安全沟通行为包括安全信息生产、安全信息分享等声量信号，旅游风险感知对安全信息陈述、安全情绪表达、安全分类情绪、安全信息转发、安全信息点评等变量间的脉冲效应图分别如图 5.17、图 5.18、图 5.19 所示。

脉冲响应函数的结果表明：第一，旅游风险感知对安全信息陈述和安全情绪表达呈现高—低—高—低的震荡型正向波动影响。安全信息陈述和安全情绪表达对旅游风险感知的响应形态基本一致。如图 5.17 所示，从旅游风险感知和安全信息陈述之间的关系来看，当旅游风险感知声量信号对安全信息陈述发生正向冲击，安全信息陈述首先产生正向影响，这种正向影响在第 2 期左右达到峰值，之后逐渐波动减弱。为表现旅游风险感知对安全信息陈述的贡献大小，研究通过方差分解进一步深入分析冲击信号的贡献率（见表 5.15）。第 1 期旅游风险感知对安全信息陈述的贡献率为 12.5%，第 3 期达到 22.5%，之后趋于稳定。从旅游风险感知和安全情绪表达之间的关系来看，当旅游风险感知声量信号对安全情绪表达发生正向冲击，安全情绪表达首先产生正向影响，随后呈现波动状态，这种正向波动在第 1 期达到峰值，在第 6 期左右降至谷底。为表现旅游风险感知对安全情绪表达的贡献大小，研究通过方差分解进一步深入分析冲击信号的贡献率。第 1 期旅游风险感知对安全情绪表达的贡献率为 27.4%，第 5 期为 23.4%，第 12 期开始稳定在 18%~19%。因此，从短期来看，旅游风险感知的声量信号更能够促进安全情绪表达，但从长期来看旅游风险感知的声量信号对安全信息陈述的影响更大，并较为稳定。总体上，旅游风险感知的声量信号对安全信息陈述和安全情绪表达都有正向促进作用，但旅游风险感知对安全信息陈述和安全情绪表达的动态影响和贡献率都存在一定的差异性。由此，假设 H6 得到验证。

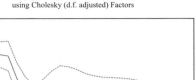

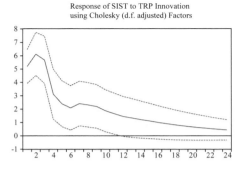

图 5.17　旅游风险感知对信息陈述、情绪表达的脉冲响应函数

表 5.15　方差分解结果

单位（%）

自变量	因变量　　Period	1	5	10	15	20	24
旅游风险感知 TRP	安全信息陈述 SIST	12.474	22.562	22.516	22.702	22.792	22.822
旅游风险感知 TRP	安全情绪表达 SEE	27.425	23.446	19.365	18.873	18.904	18.846
旅游风险感知 TRP	安全信息转发 SIF	0.017	2.707	2.791	2.806	2.809	2.810
旅游风险感知 TRP	安全信息点评 SIC	0.663	4.934	5.052	5.405	5.465	5.481

　　第二，研究将安全情绪表达划分为"乐""好""怒""哀""惧""恶""惊"七大分类情绪。研究进一步分析旅游风险感知声量信号对安全分类情绪的影响，其变量间的脉冲响应如图 5.18 所示。脉冲响应函数的结果表明：①从旅游风险感知声量信号和分类情绪"乐"之间的关系来看，当旅游风险感知声量信号对分类情绪"乐"发生正向冲击后，分类情绪"乐"首先产生正向影响，这种正向影响第 1 期达到峰值，之后逐渐减弱。旅游风险感知对分类情绪"乐"呈现逐渐下降的正向波动影响。为进一步分析旅游风险感知声量信号对分类情绪"乐"的贡献大小，研究通过方差分解深入分析每个冲击信号对内生变量的贡献，如表 5.16 所示。第 1 期旅游风险感知声量信号对分类情绪"乐"的贡献率为 9.6%，第 10 期开始达到 20% 左右，之后趋于稳定。由此可见，旅游风险感知声量信号对分类情绪"乐"的贡献随着预测期的增长而增长。从短期来看，第 1~5 期的贡献率增长较快，旅游风险感知的

声量信号更能够促进分类情绪"乐"的表达；但从长期来看，旅游风险感知声量信号对分类情绪"乐"的贡献率较为平稳（20%~21%），旅游风险感知声量信号对分类情绪"乐"有着稳定的正向促进作用。

②从旅游风险感知声量信号和分类情绪"好"之间的关系来看，当旅游风险感知声量信号对分类情绪"好"发生正向冲击后，分类情绪"好"首先产生正向影响，这种正向影响在第1期达到峰值，第2期有所下降，第3期上升到峰值，之后逐渐波动减弱。旅游风险感知对分类情绪"好"呈现高—低—高—低—高—低的震荡型正向波动影响，总体呈现下降趋势。为进一步分析旅游风险感知声量信号对分类情绪"好"的贡献大小，研究通过方差分解深入分析每个冲击信号对内生变量的贡献，如表5.16所示。第1期旅游风险感知声量信号对分类情绪"好"的贡献率为25.4%，第15期开始达到42%以上，之后趋于稳定。由此可见，旅游风险感知声量信号对分类情绪"好"的贡献随着预测期的增长而增长。从短期来看，1~5期的贡献率增长较快，旅游风险感知的声量信号更能够促进分类情绪"好"的表达；但从长期来看，旅游风险感知声量信号对分类情绪"好"的贡献率较为平稳（42%~43%），旅游风险感知声量信号对分类情绪"好"有着稳定的正向促进作用。

③从旅游风险感知声量信号和分类情绪"怒"之间的关系来看，当旅游风险感知声量信号对分类情绪"怒"发生正向冲击后，分类情绪"怒"首先产生正向影响，这种正向影响在第2期达到峰值，之后逐渐波动减弱，并趋于稳定。旅游风险感知对分类情绪"怒"呈现低—高—低—高—低—高—低—高—低的震荡型正向波动影响，总体呈现下降趋势。为进一步分析旅游风险感知声量信号对分类情绪"怒"的贡献大小，研究通过方差分解深入分析每个冲击信号对内生变量的贡献，如表5.16所示。第1期旅游风险感知声量信号对分类情绪"怒"的贡献率为6.5%，第10期开始达到18%左右，之后趋于稳定。由此可见，旅游风险感知声量信号对分类情绪"怒"的贡献随着预测期的增长而增长。从短期来看，1~5期的贡献率增长较快，旅游风险感知的声量信号更能够促进分类情绪"怒"的表达；但从长期来看，旅游风险感知声量信号对分类情绪"怒"的贡献率较为平稳（18%~19%），旅游风险

感知声量信号对分类情绪"怒"有着稳定的正向促进作用。

④从旅游风险感知声量信号和分类情绪"哀"之间的关系来看，当旅游风险感知声量信号对分类情绪"哀"发生正向冲击后，分类情绪"哀"首先产生正向影响，这种正向影响在第1期达到峰值，之后逐渐波动减弱，并趋于稳定。旅游风险感知对分类情绪"哀"呈现高—低—高—低—高—低的震荡型正向波动影响，总体呈现下降趋势。为进一步分析旅游风险感知声量信号对分类情绪"哀"的贡献大小，研究通过方差分解深入分析每个冲击信号对内生变量的贡献，如表5.16所示。第1期旅游风险感知声量信号对分类情绪"哀"的贡献率为33.7%，之后逐渐减弱，于第15期达到20%左右，之后趋于稳定。由此可见，旅游风险感知声量信号对分类情绪"哀"的贡献随着预测期的增长而下降。从短期来看，1~10期的贡献率下降较快；但从长期来看，旅游风险感知声量信号对分类情绪"哀"的贡献率下降较为缓慢，并趋于平稳（19%~20%），旅游风险感知声量信号对分类情绪"哀"有着基本稳定的正向促进作用。

⑤从旅游风险感知声量信号和分类情绪"惧"之间的关系来看，当旅游风险感知声量信号对分类情绪"惧"发生正向冲击后，分类情绪"惧"首先产生正向影响，这种正向影响第1期达到峰值，之后逐渐减弱。旅游风险感知对分类情绪"惧"呈现逐渐下降的正向波动影响。为进一步分析旅游风险感知声量信号对分类情绪"惧"的贡献大小，研究通过方差分解深入分析每个冲击信号对内生变量的贡献，如表5.16所示。第1期旅游风险感知声量信号对分类情绪"惧"的贡献率为47.6%，第5期达到57%，之后趋于稳定。由此可见，旅游风险感知声量信号对分类情绪"惧"的贡献随着预测期的增长而增长。从短期来看，1~5期的贡献率增长较快，旅游风险感知的声量信号更能够促进分类情绪"惧"的表达；但从长期来看，旅游风险感知声量信号对分类情绪"惧"的贡献率较为平稳（57%~58%），旅游风险感知声量信号对分类情绪"惧"有着稳定的正向促进作用。

⑥从旅游风险感知声量信号和分类情绪"恶"之间的关系来看，当旅游风险感知声量信号对分类情绪"恶"发生正向冲击后，分类情绪"恶"首先

产生正向影响，这种正向影响在第 3 期达到峰值，之后逐渐波动减弱，并趋于稳定。旅游风险感知对分类情绪"恶"呈现高—低—高—低的震荡型正向波动影响，总体呈现下降趋势。为进一步分析旅游风险感知声量信号对分类情绪"恶"的贡献大小，研究通过方差分解深入分析每个冲击信号对内生变量的贡献，如表 5.16 所示。第 1 期旅游风险感知声量信号对分类情绪"恶"的贡献率为 6%，第 5 期开始达到 11% 左右，之后趋于稳定。由此可见，旅游风险感知声量信号对分类情绪"恶"的贡献随着预测期的增长而增长。从短期来看，1~5 期的贡献率增长较快，旅游风险感知的声量信号更能够促进分类情绪"恶"的表达；但从长期来看，旅游风险感知声量信号对分类情绪"恶"的贡献率较为平稳（11% 左右），旅游风险感知声量信号对分类情绪"恶"有着稳定的正向促进作用。

⑦从旅游风险感知声量信号和分类情绪"惊"之间的关系来看，当旅游风险感知声量信号对分类情绪"惊"发生正向冲击后，分类情绪"惊"首先产生正向影响，这种正向影响在第 1 期快速上升，于第 2 期达到峰值，之后逐渐波动减弱，并趋于稳定。旅游风险感知对分类情绪"惊"呈现低—高—低—高—低的震荡型正向波动影响，总体呈现下降趋势。

表 5.16 方差分解结果

单位（%）

自变量	因变量 \ Period	1	5	10	15	20	24
旅游风险感知 TRP	乐 Happy	9.646	17.506	20.212	20.690	20.778	20.793
	好 Good	25.433	39.182	40.626	42.041	42.806	43.078
	怒 Angry	6.467	16.837	18.120	18.629	18.868	18.950
	哀 Sad	33.659	28.078	22.024	20.427	19.869	19.674
	惧 Fear	47.572	57.047	57.710	57.780	57.789	57.790
	恶 Hate	6.001	10.644	11.010	11.265	11.353	11.378
	惊 Shock	4.534	28.308	32.983	35.698	36.956	37.408

为进一步分析旅游风险感知声量信号对分类情绪"惊"的贡献大小，研究通过方差分解深入分析每个冲击信号对内生变量的贡献，如表 5.16 所示。第 1 期旅游风险感知声量信号对分类情绪"惊"的贡献率为 4.5%，第 15 期开始达到 36% 左右，之后趋于稳定。由此可见，旅游风险感知声量信号对分类情绪"惊"的贡献随着预测期的增长而增长。从短期来看，1~5 期的贡献率增长较快，旅游风险感知的声量信号更能够促进分类情绪"惊"的表达；但从长期来看，旅游风险感知声量信号对分类情绪"惊"的贡献率较为平稳（36%~37%），旅游风险感知声量信号对分类情绪"惊"有着稳定的正向促进作用。

可见，旅游风险感知声量信号对分类情绪"乐""好""怒""惧""恶""惊"的贡献率随着预测期的增长而增长；而旅游风险感知声量信号对分类情绪"哀"的贡献随着预测期的增长而稍有下降，但总体趋于稳定。总体上，旅游风险感知的声量信号对安全分类情绪都有正向促进作用；同时从短期来看，旅游风险感知的声量信号更能够促进分类情绪的表达；但从长期来看则较为稳定。可见，分类情绪受到旅游风险感知声量信号的影响规律与情绪表达的总量保持一致，有所不同的是，旅游风险感知对七大分类情绪的动态影响的贡献率存在一定的差异性。由此，假设 H6 得到进一步验证。

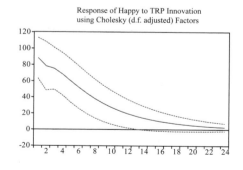

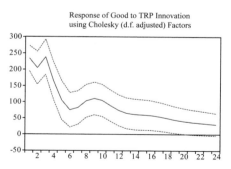

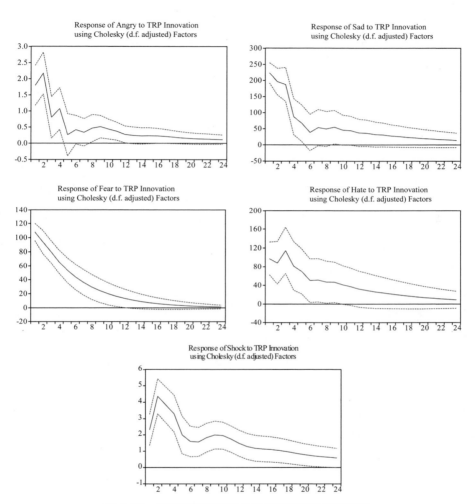

图 5.18　旅游风险感知对分类情绪的脉冲响应函数

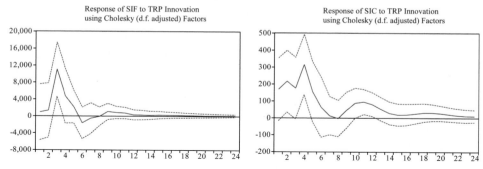

图 5.19　旅游风险感知对信息转发、信息点评的脉冲响应函数

第三，旅游风险感知对安全信息转发呈现低—高—低—高的震荡型正负交叉波动影响，总体以正向影响为主；旅游风险感知对安全信息点评呈现低—高—低—高的震荡型正向波动影响；安全信息转发和安全信息点评对旅游风险感知的响应形态基本一致。如图 5.19 所示，从旅游风险感知和安全信息转发之间的关系来看，当旅游风险感知声量信号对安全信息转发发生正向冲击时，安全信息转发首先产生正向波动，这种正向波动在第 3 期达到峰值，在第 5 期左右下降至负值，第 7 期左右又重新回到正值，在第 9 期左右到达一个小峰值之后逐渐减弱。

为表现旅游风险感知对安全信息转发的贡献大小，研究通过方差分解进一步深入分析冲击信号的贡献率（见表 5.15）。第 1 期旅游风险感知对安全信息转发的贡献率为 0.02%，第 5 期左右开始稳定在 2.7% 左右。从旅游风险感知声量信号和安全信息点评之间的关系来看，当旅游风险感知声量信号对安全信息点评发生正向冲击，安全信息点评首先产生正向影响，随后呈现波动状态、并在第 4 期达到峰值，之后迅速下降至 0 轴附近，在第 11 期左右到达一个小峰值之后逐渐减弱。为表现旅游风险感知声量信号对安全信息点评的贡献大小，研究通过方差分解进一步深入分析冲击信号的贡献率。第 1 期旅游风险感知声量信号对安全信息点评的贡献率为 0.7%，第 10 期左右开始稳定在 5.0% 左右。总体上，旅游风险感知的声量信号对安全信息转发和安全信息点评都有正向促进作用，但旅游风险感知对安全信息转发和安全信息点评的动态影响存在一定的差异性。由此，假设 H7 得到验证。

4.潜在旅游者线上安全沟通行为声量信号的内在影响

（1）安全信息生产声量信号对安全信息分享声量的动态影响

研究构建了安全信息生产声量信号对安全信息分享声量的 VAR 模型。为了比较分类维度的内在影响，研究分别构建了安全信息陈述对安全情绪表达的 VAR 模型，并构建了安全信息转发对安全信息点评的 VAR 模型。对应的脉冲效应如图 5.20 所示。

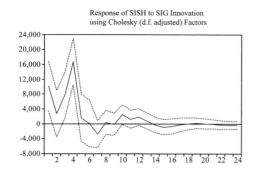
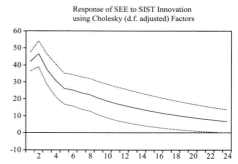
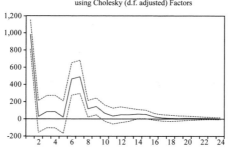

图 5.20　安全信息生产与安全信息分享间的脉冲效应函数

脉冲响应函数的结果表明，安全信息生产对安全信息分享具有显著的动态影响，这种影响总体上呈现以正向为主的 W 形影响形态，部分阶段呈现负向影响。方差分解的结果表明，第 1 期安全信息生产对安全信息分享的贡献率为 1.9%，第 5 期开始维持在 7.7% 以上。在安全信息生产内部，安全信息

陈述对安全情绪表达呈现自高向低的平滑型正向影响形态，其贡献率维持在
38.9%~50.0%。在安全信息分享内部，安全信息转发对安全信息点评具有正
向的动态影响，其贡献率维持在 22.6%~30.4%。总体上，安全信息生产对安
全信息分享具有显著的动态影响和中低程度的信息贡献率。在变量维度内部，
安全信息陈述对安全情绪表达具有显著的正向动态影响和较高程度的信息贡
献率，安全信息转发对安全信息点评具有显著的正向动态影响和较高程度的
信息贡献率。由此，假设 H8 得到验证。

（2）安全信息陈述、安全情绪表达声量信号对安全信息分享声量的影响

为了比较安全信息陈述和安全情绪表达对安全信息分享的差异影响，研
究构建了安全信息陈述对安全信息分享的 VAR 模型，并构建了安全情绪表达
对安全信息点评的 VAR 模型。对应的脉冲效应如图 5.21 所示。

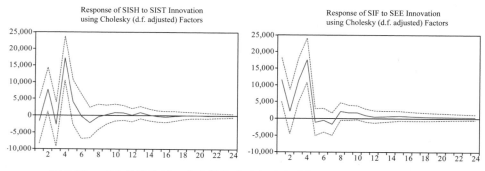

图 5.21 安全信息陈述、安全情绪表达与安全信息分享间的脉冲效应函数

脉冲响应函数的结果表明，第一，安全信息陈述对安全信息分享呈现低—
高—低，安全情绪表达对安全信息分享呈现高—低—高—低的震荡型正负交
叉波动影响，总体以正向影响为主。从安全情绪表达声量信号和安全信息分享
之间的关系来看，当安全情绪表达声量信号对安全信息分享发生正向冲击，安
全信息分享在第 1~4 期产生正向波动，这种正向波动在第 3 期达到峰值，在第
5~7 期转变为负向波动，第 8 期转为正向波动，并逐渐趋于稳定。为表现安全
情绪表达低—高的震荡型正负交叉波动影响，总体以正向影响为主。从安全信
息陈述声量信号和安全信息分享之间的关系来看，当安全信息陈述声量信号对

安全信息分享发生正向冲击，安全信息分享首先产生负向影响，这种负向影响很快转变为正向波动，但是在第3期又转变为负向波动，之后迅速增长至正向影响，并在第4期达到峰值，在第4期之后在0轴之间起伏波动，并逐渐趋于稳定。为表现安全信息陈述对安全信息分享的贡献大小，研究通过方差分解进一步深入分析冲击信号的贡献率（见表5.17）。第1期安全信息陈述对安全信息分享的贡献率为0.05%，第5期左右开始稳定在6.4%。总体上，安全信息陈述的声量信号对安全信息分享有正向促进作用。由此，假设H9得到验证。

第二，安全情绪表达对安全信息分享呈现高—低—高—低的震荡型正负交叉波动影响，总体以正向影响为主。从安全情绪表达声量信号和安全信息分享之间的关系来看，当安全情绪表达声量信号对安全信息分享发生正向冲击，安全信息分享在第1~4期产生正向波动，这种正向波动在第3期达到峰值，在5~7期转变为负向波动，第8期转为正向波动，并逐渐趋于稳定。为表现安全情绪表达对安全信息分享的贡献大小，研究通过方差分解进一步深入分析冲击信号的贡献率（见表5.17）。第1期情绪表达声量信号对旅游安全信息分享的贡献率为2.4%，第5期左右开始稳定在9.7%以上。总体上，安全情绪表达的声量信号对安全信息分享有正向促进作用；相较于安全信息陈述，安全情绪表达对安全信息分享具有较高程度的贡献率，安全情绪表达对安全信息分享的促进作用更大。由此，假设H10得到验证。

表5.17　方差分解结果

单位（%）

自变量	因变量	Period 1	5	10	15	20	24
安全信息生产 SIG	安全信息分享 SISH	1.870	7.698	7.781	7.876	7.881	7.886
安全信息陈述 SIST	安全情绪表达 SEE	38.984	50.095	49.823	49.423	49.197	49.095
安全信息转发 SIF	安全信息点评 SIC	23.383	22.572	30.249	30.406	30.416	30.418
安全信息陈述 SIST	安全信息分享 SISH	0.050	6.376	6.405	6.425	6.428	6.428
安全情绪表达 SEE	安全信息分享 SISH	2.448	9.671	9.857	9.889	9.908	9.915

五、本章小结

在互联网时代，旅游危机事件会引发潜在旅游者的线上安全沟通行为，这些沟通行为既是重要的社会现象，也是潜在旅游者线上安全沟通行为的体现，是影响旅游危机和旅游市场发展走向的重要行为因素。系统探索旅游危机情境下潜在旅游者的线上安全沟通行为，对于旅游危机舆情的有效处置和旅游市场的健康发展具有重要的现实意义。本研究以 2018 年 7 月泰国沉船事件作为背景案例，以信号理论作为理论基础，对旅游安全传播与旅游者线上安全沟通行为响应机制进行系统探索。

表 5.18　研究假设与验证结果

假设	假设内容	验证结果
H1	在旅游危机情境下，线上分类媒体声量信号对潜在旅游者的旅游风险感知具有正向影响	支持
H2	在旅游危机情境下，（a）线上媒体声量信号对潜在旅游者的安全信息生产具有正向促进作用，（b）对其内在维度安全信息陈述和安全情绪表达也具有正向促进作用	支持
H3	在旅游危机情境下，（a）线上媒体的声量信号对潜在旅游者的安全信息分享具有正向促进作用，（b）对其内在维度安全信息转发和安全信息点评具有正向促进作用	H3a 支持 H3b 部分支持
H4	在旅游危机情境下，（a）线上主流媒体、线上商业媒体、自媒体等声量信号对潜在旅游者的安全信息生产具有差异化的影响作用，（b）对其内在维度安全信息陈述和安全情绪表达具有差异化的影响作用	支持
H5	在旅游危机情境下，（a）线上主流媒体、线上商业媒体、自媒体等声量信号对潜在旅游者的安全信息分享具有差异化的影响作用，（b）对其内在维度安全信息转发和安全信息点评具有差异化的影响作用	支持
H6	在旅游危机情境下，（a）线上旅游风险感知声量信号对潜在旅游者的安全信息生产具有正向促进作用，（b）对其内在维度安全信息陈述和安全情绪表达也具有正向促进作用	支持
H7	在旅游危机情境下，（a）线上旅游风险感知声量信号对潜在旅游者的安全信息分享具有正向促进作用，（b）对其内在维度安全信息转发和安全信息点评具有正向促进作用	支持
H8	在旅游危机情境下，潜在旅游者安全信息生产的声量信号对其安全信息分享声量具有正向促进作用	支持

假设	假设内容	验证结果
H9	在旅游危机情境下，潜在旅游者旅游安全信息陈述的声量信号对其安全信息分享声量具有强化作用	支持
H10	在旅游危机情境下，潜在旅游者安全信息情绪表达的声量信号对其安全信息分享声量具有强化作用	支持

（1）研究结果表明，旅游危机线上媒体声量信号对潜在旅游者的旅游风险感知具有动态影响。线上媒体声量的总量信号对潜在旅游者的安全信息生产及其内在维度安全信息陈述、安全情绪表达具有正向促进作用，对安全信息分享及其内在维度安全信息点评具有显著的正向影响，对安全信息转发具有显著的动态影响。但主流媒体、商业媒体和自媒体等分类媒体声量信号对安全信息生产和安全信息分享具有差异化的影响作用；旅游风险感知声量信号对潜在旅游者的安全信息陈述、安全情绪表达、安全信息转发、安全信息点评等安全沟通行为具有动态影响。同时，潜在旅游者安全信息生产声量对其安全信息分享声量具有显著的动态影响，其中潜在旅游者安全信息陈述、安全情绪表达对其安全信息分享声量都具有强化作用，但安全情绪表达对其安全信息分享的促进作用更大。由此可见，研究 H1、H2、H4、H5、H6、H7、H8、H9、H10 均获得支持，假设 H3a 获得支持、H3b 获得部分支持。

（2）研究将安全情绪表达划分为"乐""好""怒""哀""惧""恶""惊"七大分类情绪。研究进一步分析了线上分类媒体声量信号对安全分类情绪的影响以及旅游风险感知声量信号对安全分类情绪的影响。研究发现，分类情绪受到主流媒体、商业媒体、自媒体声量信号的影响规律与情绪表达的总量保持一致，有所不同的是，主流媒体、商业媒体和自媒体声量信号对七大分类情绪的动态影响的贡献率存在一定的差异性。同时，分类情绪受到旅游风险感知声量信号的影响规律与情绪表达的总量也保持一致，但旅游风险感知对七大分类情绪的动态影响的贡献率存在一定的差异性。

（3）研究首次将舆情声量数据作为变量数据进行采集整理，并采用了基于 VAR 模型的脉冲响应分析法，以对媒体声量和安全行为等变量间的动态响应关系进行拟合分析。长期以来，安全行为研究主要是基于行为主体的感知调查数据作为基础进行验证分析。在互联网时代，旅游危机后的安全沟通行为是以海量数据为基础的线上沟通，因此需要突破传统的研究范式。本研究基于规模性舆情数据的采集分析，首次将舆情声量数据作为变量数据。同时，本研究采用了传统实证研究的范式和步骤，并通过"建立假设—构建 VAR 模型—进行脉冲函数分析—验证假设"等严密的过程来完成研究。本研究为旅游危机管理研究提供了新的数据形式和研究方式。

第六章　旅游安全传播与旅游者安全行为响应的策略建构

本章旨在面向旅游者安全行为响应进行旅游安全传播策略的发展和建构。研究基于旅游安全传播信号与行为响应的分析框架，并结合旅游安全传播信号对旅游者线下与线上安全行为的影响机制，从传播主体、传播情境、传播内容、传播渠道等层面对旅游安全传播的策略体系进行建构。

一、基于传播主体的旅游安全传播策略建构

旅游安全传播的主体是指执行和开展旅游安全传播活动的行动主体，一般包括旅游地政府、旅游企业、行业协会、旅游者、利益相关者等主体类型。在旅游安全传播与旅游者行为响应的过程中，旅游地政府、旅游企业、旅游者都从不同层面上承担着旅游安全传播的任务，他们具有不同的价值导向和价值立场，因此在旅游安全传播中具有差异化的任务结构和策略重心（见图 6.1）。

（一）基于旅游地政府的旅游安全传播策略建构

政府是公共服务的提供者，在旅游安全传播中处于主导地位。通常情况下，政府机构都擅长通过媒体议程设置和框架效应来引导舆论走向。新媒体环境下，传播主体的多元化给政府的信息管理带来了挑战。但无论如何，政府仍掌握着新闻发布、信息控制的主动权，信息管理仍然是安全传播管理的核心[267]。然而，随着公众参与意识日益高涨，政府过于严格的信息管理制度，可能无法满足公众的知情权需要。在信息社会中，网络化的治理方式能够促使政府与媒体、公众形成相互依赖的伙伴关系[268]，实现信息和资源在

政府、企业、公众等主体间的共享。

因此,在旅游安全传播过程中,各级政府应积极履行安全传播职责、科学引导安全舆论走向,在旅游安全传播中掌握主动权和话语权。其策略重心包括:第一,发挥旅游安全传播的信息主导作用。政府部门应加强非危机情境下的常态化旅游安全宣传,及时发布各类旅游安全预警信息,通过设置旅游安全话题等媒体议程来提高公众的安全意识,引导公众的旅游安全行为。第二,承担旅游危机舆情的引导作用。在危机情境下的旅游安全传播中,政府应借助媒体,最大限度地公开信息,及时发布权威信息、控制谣言,有效引导社会舆论的走向。第三,推动旅游安全传播的合作治理。在信息管理层面,应从传统的控制管理向合作治理转变。政府应倡导网络化合作治理方式,积极强调与媒体、公众建立良好的"传播—回应"的互动形式[269],即通过官网、微信、微博等新媒体平台与公众直接对话,建立稳定的对话机制,及时回应公众的疑问,满足公众的合理利益诉求,并向公众征集意见和建议。在旅游安全传播中,政府需要有责任有担当、切实服务大众,坚持"以人为本"、接受各方监督,坚持公正公开、多方协商合作的原则[270],并始终占领舆论的制高点,采取正确的舆论引导方式。

(二)基于旅游企业的旅游安全传播策略建构

旅游企业是旅游安全传播中的重要主体,其关键传播任务是常态情境下的旅游安全预警、安全形象塑造和危机情境下的旅游舆情处置,这是增强旅游企业安全主动性,减少安全舆情对旅游企业形象和绩效产生负面影响的重要任务。在非危机情境下,旅游企业应致力于做好旅游安全预警和安全知识宣导工作,加强旅游活动各环节的安全保障,引导旅游者的线下安全行为。同时旅游企业要不断提升企业形象[271],提高公众对企业的认可度。在旅游安全传播中,旅游企业要加强与公众的双向沟通,尊重公众利益和话语权[272],积极主动承担责任,塑造良好的企业形象。

在新媒体环境下,信息的传输会受到用户关系强弱、观念倾向以及性质的影响[273],信息的传播还会受到媒体声量的动态影响。因此,旅游企业应在传统舆情管理方式的基础上进行变革和创新。其策略重心包括:第一,建立介入旅游安全传播的技术能力。信息技术的创新与发展为旅游安全传播管理提供了良好的技术支持[274]。例如，微信、微博等公共技术平台的对接和改良可为旅游企业的安全知识传播提供便利平台，以机器学习、文本挖掘等为代表的在线信息管理技术可为旅游企业提供旅游安全舆情监测与情感倾向分析[275]的能力。第二，实施主动式旅游安全传播。旅游企业的安全传播承担着常态形象宣传、事前安全预警、事中安全引导、事后安全沟通等复杂的安全任务，被动式的安全回应会激化顾客的愤怒情绪。因此，旅游企业应该实施主动式的旅游安全传播机制，要具有前置传播、提前介入、积极回应的机制结构和能力体系。第三，建立多阶段旅游安全舆情调控机制。旅游企业应该具有多阶段舆情管理的意识和机制，在常态情境下，要积极对旅游安全舆情信息的节点内容进行分析和预测，对信息传播的关键路径和权威用户进行干预和引导，对用户在线时间、舆情信息内容等保持关注。在危机爆发的情况下，要根据危机舆情"出现—爆发—高潮—衰退—平稳"的生命周期[276]进行分阶段干预，提升舆情处置的针对性和处置效果。

（三）基于旅游者的旅游安全传播策略建构

互联网时代，旅游者作为旅游安全传播的新力量，他们既依赖政府和媒体的信息传播，也会通过其他渠道去挖掘安全热点议题与安全信息。旅游者在主动参与旅游安全传播的同时也会监督政府和媒体的行为，他们会对相关事件形成自己的预判，并在线上—线下进行积极的传递与分享。事实上，旅游者已经从过去的被动接受信息发展为主动传递信息；从接受管理发展到参与监督管理；从关注舆论发展到塑造舆论[267]，他们在某种程度上成了实实在在的传播者。可以说，在新媒体环境下旅游者在旅游安全传播中的地位发生了重大改变。在危机情境下，旅游者的传播者角色往往导致危机舆情传播速度的加快与加重，对旅游地形象和市场造成严重的影响；在非危机情景下，旅游者的传播者角色会对旅游地形象造成不同性质方向的影响，可能推动旅游地形象感知的急剧变化，对旅游地的客源市场造成波动性影响。

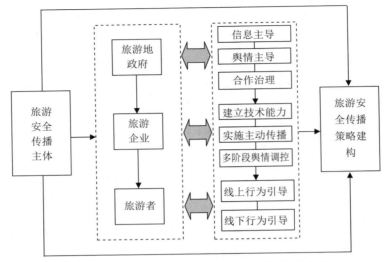

图 6.1   基于传播主体的旅游安全传播的策略建构

因此，加强对旅游者安全行为的综合调控与引导，是旅游地政府机构和旅游企业实施旅游安全传播的主要内容，是旅游安全传播的主要目标导向。对于旅游者的行为引导，旅游地政府机构和旅游企业的策略重心包括：第一，建立基于综合手段的线下安全行为调控策略。可以基于多元媒体进行常态性的安全知识传播，通过旅游前的安全宣贯会进行行为安全预警，通过旅游从业人员进行即时安全提示，并可通过综合性的环境氛围引导旅游者遵守安全规则、参与安全活动。第二，建立基于线上信息调控的线上安全行为引导策略。要科学认知旅游者（含潜在旅游者）在线上的安全信息生产和安全信息分享等安全沟通行为，要主动引导舆情话题，并对旅游者线上安全信息沟通行为保持密切关注，对不实言论要进行逆向信息干预，要基于信息内容的情感分析来识别舆情性质并进行针对性的信息干预。

二、基于传播情境的旅游安全传播策略建构

旅游安全传播的目的、性质等传播要素取决于特定的情境结构。根据任务场景的紧急状态，媒体传播的情境结构包括危机情境和非危机情境两类情

境结构。在旅游安全传播与旅游者行为响应的过程中，应该首先区分传播情境，对危机情境和非危机情境实施差异化的调控策略，科学引导旅游者的安全行为（见图6.2）。

（一）危机情境下旅游安全传播策略建构

泰国沉船事件的实证结果表明，从危机情境旅游安全传播的路径来看，媒体信号对旅游者的风险感知具有正向的动态影响，媒体信号、旅游风险感知对旅游者的信息生产和信息分享等安全沟通行为都具有正向的动态影响。可见，媒体在旅游危机传播中具有独特的作用，媒体信号对公众的感知具有显著的影响能力。媒体对危机事件所采取的报道方式、报道内容和报道方向会影响旅游者的感知，媒体报道所传输的信号会直接影响旅游者的安全与风险感知，进而影响旅游者的安全行为。

因此，危机事件情境下，不仅要加强媒体的综合管理，还应重视旅游风险感知的传导作用，以此对旅游安全传播的媒体信号进行调控。旅游安全传播的策略重心包括：第一，加强媒体的综合管理。媒体的报道方式、报道内容和报道方向是危机事件情境下旅游安全传播的媒体信号调控的重点。旅游危机情境下，媒体应采用叙事性的客观报道方式，报道内容客观公正，不做刻意或者过多的渲染。尽量减少负面信息的报道，适当增加旅游危机救援信息的报道，传播正能量。第二，建立旅游风险感知干预体系。在旅游危机舆情的调控中，应首先精准把控危机舆情，时刻关注旅游者的信息生产和信息分享内容，对涉及风险感知的信息因素进行精准识别，通过关键词判断、声量监测等方式，掌握媒体平台对旅游风险感知要素的传播力度，掌握潜在旅游者对旅游危机后风险要素的感知程度。对旅游风险要素进行梳理，并设置相应的议题进行宣导，实现危机舆情的缓解或者对冲，并据此提出具有针对性的旅游风险感知干预体系。

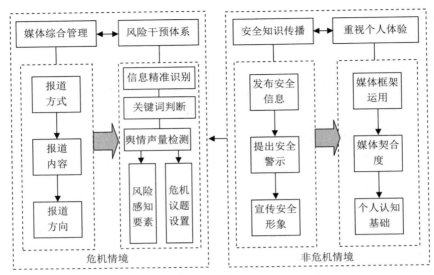

图6.2　基于传播情境的旅游安全传播策略建构

（二）非危机情境下旅游安全传播策略建构

非危机情境是指在日常状态、节假日状态、重大节事活动状态等非紧急旅游状态，仍需通过媒体信息传递来引导旅游者行为、优化市场态势的场景形势。厦门金砖峰会的实证结果表明，从以重大节事活动为代表的非危机事件情境旅游安全传播的路径来看，媒体信号对旅游者的安全感知、安全行为具有正向的影响，旅游者个人体验对旅游安全感知、安全行为也具有正向的影响，媒体信号还可以通过个人体验来影响旅游者的安全感知和安全行为。

因此，在非危机情境的旅游安全传播过程中，不仅要加强旅游安全知识的传播、调整媒体议程设置，还要重视旅游者个人安全体验。旅游安全传播的策略重心包括：第一，加强旅游安全知识的传播，建立系统化的媒体传播体系。借助于媒体议程设置的引导作用，在旅游安全传播中宣传强化型安保的合理性与正当性，有助于提高受众对强化型安保环境的接受度，提升旅游者对旅游地安全的认知水平。同时，通过旅游安全知识的传播，则有助于提升旅游者对负责任旅游的认识，并有助于减少旅游过程中的不安全行为。因此，在旅游安全传播中要重视媒体议程设置的积极作用，并积极通过混合性媒体渠道和新闻报道等媒体形式传播安保信号，以引导和修正旅游者对强化型安保环境的认知。通过系统化的媒体传播来发布安全信息、提出安全警示、引导安全行为、宣传安全形象等。第二，重视旅游者个人安全体验，提高媒体报道与个人体验的契合度。媒体报道的呈现方式是多样化的，既可以选择媒体报道的等价框架，也可以选择强调框架，或者是二者的结合。对强化安保的媒体报道应注重媒体框架的组合，尽量以客观的方式进行报道陈述，但是不能过度强调与渲染安保强化的专业部署。在语言表达和图片选择上尽量契合旅游者的认知范围，适当选取旅游场景的安保强化报道，展现安保强化下旅游场景的秩序感与安全感，注重对安保环境与安保结果的呈现框架，以为旅游者的安保强化体验提供良好的认知基础。

三、基于传播内容的旅游安全传播策略建构

旅游安全传播内容是传播主体所建构的具体化的传播信息，是承载传播性质和传播任务的内容要素。科学、系统、丰富的旅游安全传播内容，是达到旅游安全传播成效的重要基础。基于传播内容的策略重心包括：

第一，基于任务性质确立旅游安全传播的目标导向。传播内容是综合了传播性质和传播任务的综合传播要素，是传播主体在情境分析的基础上，对传播性质和传播任务进行系统定位基础上提出的内容要素。旅游安全传播是一种服务旅游产业、企业和旅游者等利益主体的综合性的安全信息传递行为与传播活动。旅游安全传播内容应依据旅游安全传播的任务结构来进行设置。旅游安全传播的任务结构是指旅游安全传播行为所面向的目标导向和任务内容。综合危机情境和非危机情境的任务需求，旅游安全传播的任务结构可以区分为旅游安全形象建构、旅游安全行为引导、旅游危机事件处置、旅游形象与市场恢复等层次。因此，旅游安全传播内容可以依据形象建构、行为引导、危机处置、市场恢复等不同层面的传播任务来进行细分，其对应的传播性质与行为方式也具有差异。

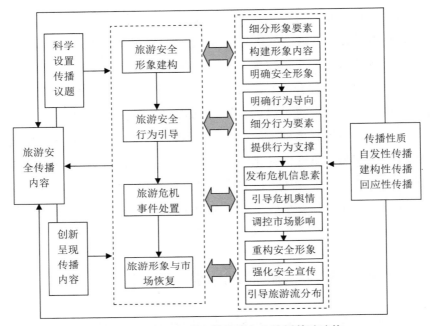

图 6.3　基于传播内容的旅游安全传播策略建构

第二，基于任务细化设置旅游安全传播内容。旅游安全传播的内容要素要根据细化的任务体系进行明确定位并予以优化。其中，旅游安全形象建构的细化传播任务主要包括细分旅游安全形象要素、建构旅游安全形象内容、明确旅游安全形象要素等人物内容，应采取建构性传播行为方式。旅游安全行为引导的细化传播任务主要包括明确旅游安全行为导向、细分旅游安全行为要素、提供旅游安全行为支撑等任务内容，应采取自发性传播、建构性传播等传播行为方式。旅游危机事件处置的细化传播任务主要包括发布旅游危机信息、引导旅游危机舆情、调控旅游市场影响等任务内容，应采取自发性传播、建构性传播、回应性传播等传播行为方式。旅游形象与市场恢复的细化传播任务主要包括重构旅游安全形象、强化旅游安全宣传、引导旅游流分布等任务内容，应采取建构性传播、回应性传播等传播行为方式。

第三，基于议程设置和呈现创新优化旅游安全传播效果。通常，传播的主题、主线、议题都会对媒体传播的显著性产生影响[277]。媒体显著性较高的科学议题往往会被优先选择并进行较长时间的报道。旅游安全传播内容作为科学传播内容，应该关注媒体呈现的显著性，不仅要提高旅游安全传播内容在主流媒体的显著性效果，也应关注旅游安全传播内容在商业媒体和自媒体的显著性效果，要注重传播内容在议题类型和叙事方式的创新，提高旅游安全科学传播内容在非主流媒体的吸引力。因此，加强旅游安全传播科学议题的设置和内容呈现方式的创新能够达到较好的传播效果。

四、基于传播渠道的旅游安全传播策略建构

旅游安全传播是基于特定的媒体和途径所进行的旅游安全信息传递活动，传播媒体在旅游安全传播中具有重要的作用。媒体传播系统是一个存在信息多样性、主体异质性、主体适应性、因素交互性、系统动态性等特征的复杂系统[278]。媒体的引领力、传播力、影响力是媒体传播效果的主要影响因素[279]。在旅游安全传播过程中，加强媒体的传播力能够有效地引导旅游者的行为。研究以信息发布主体及其性质作为区分媒体的依据，将媒体渠道区分为主流媒体渠道、商业媒体渠道和自媒体渠道。因此，基于传播渠道的旅游安全传播的策略构建主要包括对主流媒体、商业媒体和自媒体等多层次渠道进行调控与建议。

（一）基于主流媒体渠道的旅游安全传播策略建构

主流媒体是具有官方性质的媒体机构和平台[42]，掌握着权威的话语权。泰国沉船事件的实证结果表明，从媒体对旅游者安全沟通行为的影响来看，主流媒体声量对旅游者安全沟通行为具有长期的动态影响。因此，优化主流媒体的内容生产和平台运作，对旅游者的安全行为具有长期的引导作用。基于主流媒体渠道开展旅游安全传播的策略重心包括：第一，重视早期危机沟通。主流媒体应在第一时间准确报道旅游危机事件并做出客观的评价，这是线上安全传播环境营造的关键。主流媒体应该具有危机传播意识，尽早介入旅游危机的传播和公众沟通，并通过稳定的信息输送来发挥长期影响力。第二，重视主流价值导向。在旅游危机舆情的处置中，要充分发挥主流媒体的

议题设置和主流价值引导作用，通过权威信息的早期传播来设置议题和引导舆情走向，用主流价值导向提升旅游者对旅游安全的认知水平。同时，主流媒体应主动关注用户需求和市场导向，追求与用户在价值诉求层面的一致性[280]。第三，积极发展自有平台。主流媒体要有时代的担当，要做好顶层设计，不断优化内容生产，积极发展自有平台，在旅游安全传播中始终占领舆论引导、思想引领的制高点，科学引导旅游者行为。

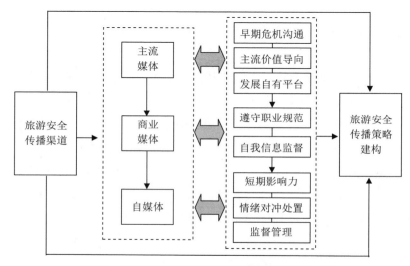

图 6.4　基于传播渠道的旅游安全传播的策略建构

（二）基于商业媒体渠道的旅游安全传播策略建构

商业媒体是指主要以营利为目的的商业性机构主办的媒体机构和平台[52]。商业媒体是以追求利润为主要的创建目的，它具有追求新闻的低俗化、戏剧性的倾向。基于商业媒体渠道开展旅游安全传播的策略重心包括：第一，遵守职业规范。商业媒体受利益的驱动，它更倾向于依据个体的选择偏好向公众推送信息，但过量的偏好信息会降低个人的决策水平，甚至还可能导致个人决策的失误[281]。从旅游安全传播的媒体信号调控而言，商业媒体应该积极接受相关部门的职业规范引导，保持客观公正的传播立场，传递符合主流价值导向的安全内容。第二，强化自我信息监督。商业媒体具有信息生产随意化、忽视信息来源等问题，因此容易导致不符合事实的信息传播。对此，商业媒体自身应该积极加强自我信息监督和治理，强化内控机制，以传递科学、客观、符合主流价值观的安全信息作为己任，为旅游者的安全行为决策提供准确、适用的信息来源。

（三）基于自媒体渠道的旅游安全传播策略建构

自媒体是指基于现代网络技术、可由个人发起并进行大众化传播的媒体机构和平台[54]。基于自媒体渠道开展旅游安全传播的策略重心包括：第一，重视自媒体影响力的时间周期。从分类媒体对旅游者安全沟通行为的影响来看，相较于主流媒体的长期影响力，自媒体具有较强的短期情绪激发能力。自媒体容易在短时期内将舆论推向高潮，造成线上舆情声量的迅速上升，这会对旅游者的安全行为决策造成负面影响。因此，要积极关注自媒体的短期爆发力，基于时间周期选择性的发布信息内容。第二，加强自媒体的情绪对冲处置。在旅游者安全沟通行为的影响来源中，自媒体平台具有短期内迅速激发受众情绪、造成大范围传播的特征，旅游地和旅游企业要重点关注其短期的情绪影响能力，并通过逆向信息干预进行情绪对冲处置，调节自媒体平台的情绪能量，避免安全舆情失控。第三，强化自媒体渠道的监督引导。自媒体渠道的信息生产具有自发性、随意性、快速性，生产者的信息发布具有较强的扩散性。因此，自媒体平台容易带来不实谣言的传播。对此，要积极强化自媒体渠道的价值观引导，强化信息生产的监督，引导自媒体平台理性传播客观真实的安全信息，倡导正能量的旅游安全信息环境的塑造。

五、本章小结

本章研究立足于旅游安全传播的行为影响分析框架和旅游安全传播信号作用机制的实证分析，对旅游安全传播的具体策略进行了分析和发展。研究提出：

第一，传播主体是旅游安全传播系统中的能动要素。其中，政府机构是公共服务的提供者，在旅游安全传播中处于主导地位。政府机构应发挥旅游安全传播的信息主导作用，承担旅游危机舆情的引导作用，并积极推动旅游安全传播的合作治理；旅游企业的关键传播任务是常态情境下的旅游安全预警、安全形象塑造和危机情境下的旅游舆情处置，在旅游安全传播中应强调建立介入旅游安全传播的技术能力、实施主动式旅游安全传播、并建立多阶段旅游安全舆情调控机制；旅游者既是旅游安全传播的受众，也是旅游安全信息的生产者和传播者。对此，旅游地和旅游企业应建立基于综合手段的线下安全行为调控策略，并建立基于线上信息调控的线上安全行为引导策略。

第二，旅游安全传播的目的、性质等传播要素取决于特定的情境结构。在非危机情境下，应加强旅游安全知识的传播、重视旅游者个人安全体验，以实现常态安全行为的塑造。在危机事件情境下，旅游安全传播的重心在于加强媒体的综合管理、重视旅游风险感知的传导作用，以加快危机舆情的结束。

第三，旅游安全传播内容是传播主体所建构的具体化的传播信息，是承载传播性质和传播任务的内容要素。基于传播内容的策略强调基于任务性质确立旅游安全传播的目标导向，要求基于任务细化设置旅游安全传播内容，并倡导基于议程设置和呈现创新优化旅游安全传播效果。

第四，传播媒体在旅游安全传播中具有重要的作用。从分类媒体的传播策略来看，基于主流媒体渠道的旅游安全传播应重视早期危机沟通、重视主流价值导向、强调积极发展自有平台；基于商业媒体渠道的旅游安全传播主要强调遵守职业规范、强化自我信息监督；基于自媒体渠道的旅游安全传播应重视自媒体影响力的时间周期、加强自媒体的情绪对冲处置并强化自媒体渠道的监督引导。

第七章　研究结论与展望

一、研究结论

随着旅游安全形势的日益复杂化，旅游安全传播已经演变为面向多任务结构的综合性旅游安全传播活动。系统地识别旅游安全传播的范畴、过程、机制，有效管控旅游安全传播行为，对于推动旅游产业的安全发展具有重要作用。同时，厘清互联网时代旅游者对旅游安全媒体传播信号的安全行为响应机制，也是学界和业界共同关注的重要议题。本研究区分旅游安全传播的情境结构，拓展旅游安全传播研究的情境领域，揭示了多分类旅游安全传播情境下的传播机制。本研究的主体内容主要包括"理论研究—实证研究—综合研究"三个阶段。在理论研究阶段，研究建立了旅游安全媒体传播信号与行为响应分析框架；在实证研究阶段，研究以线上危机和线下非危机两种情境作为代表性的研究情境，进行了两阶段的实证研究，并揭示线上—线下旅游者安全行为的差异结构以及行为响应机制；在综合研究阶段，研究旅游者线上—线下安全行为的诱导作为导向，对旅游安全传播的信号建构和渠道管理进行了策略发展。

（一）理论建构：旅游安全传播与旅游者安全行为响应的分析框架

（1）研究对旅游安全传播的信号建构体系进行了系统分析，并提出了旅游安全传播与旅游者安全行为响应的理论分析框架。研究发现：第一，研究首先对旅游安全传播的情境结构进行了概念界定与理论梳理，将旅游安全传播的情境结构区分为危机情境以及非危机情境。研究根据成因结构的特征，将旅游危机情境进一步划分为单一成因型旅游危机情境和混合成因型旅游危机情境两种类型；同时根据旅游活动的性质状态，将非危机情境进一步区分为常态旅游情境、节假日旅游情境、重大节事会展旅游情境等情境类型。第二，研究认为，旅游安全传播的信号建构体系是由传播主体、传播情境、传播任务、传播性质和传播内容等共同构成的信号生产体系。传播主体是信号建构的发起主体，它包括旅游地政府、旅游企业、行业协会、利益相关者等旅游安全传播主体类型。第三，研究综合危机情境和非危机情境的任务需求，将旅游安全传播的任务结构区分为旅游安全形象建构、旅游安全行为引导、旅游危机事件处置、旅游形象与市场恢复四个层次。第四，研究对旅游安全传播的行为属性进行传播导向和能动程度的结构区分，并从能动程度将旅游安全传播区分为自发性旅游安全传播、建构性旅游安全传播和回应性旅游安全传播。

（2）研究分析了旅游安全传播的媒体渠道与信号体系。旅游安全传播是基于特定的媒体和途径所进行的旅游安全信息传递活动。传播媒体在旅游安全传播中具有重要的作用。根据所依托的技术条件，媒介渠道可以区分为传统媒介渠道和新兴媒介渠道。同时，互联网时代的媒体传播既表现为多元信号内容的混合传输，也表现为多元价值理念及信号的交叉传播。在这种时代背景下，传统的主流媒体、商业平台媒体积极往线上发展，它们与自媒体的线上信号融合交汇，为旅游者提供了信息来源充分的线上媒体环境。

（3）研究阐述了旅游安全传播环境下的旅游者行为响应方式。在互联网时代，现实旅游者和潜在旅游者的线上安全沟通已成为旅游安全事件后的重要行为活动，并是影响旅游者线下实体行为的重要信息来源。因此，线上旅游安全信息与线下旅游安全信息的交互成为常态，线下旅游安全行为与线上安全沟通行为的交互也成为新常态。当前时代的旅游安全传播是一个线上沟通行为和线下安全行为交互响应的复合过程。

（4）研究构建了旅游安全传播信号的行为响应模型。研究认为建构旅游安全传播机制应该由传播主体以旅游安全传播的情境分析作为起点，并以旅游者的安全行为响应作为结果导向，这是推动旅游安全传播治理成效得以实现的重要基础。立足于这一基本立论和对传统传播学模型的改进，本研究提出了由"传播主体（who）—传播情境（situation）—传播性质（nature）—

传播任务（task）—传播内容（content）—传播渠道（channel）—感知（perception）—响应（response）"等构成的旅游安全传播与行为响应分析框架，为旅游安全传播行为响应机制的实证探索提供了理论基础。

（二）旅游安全传播信号对旅游者线下安全行为的影响机制

旅游场所在非危机情境下启用强化型安保措施越来越常态化，但是非危机情境下强化型安保环境及其产生的媒体信号对旅游者安全行为的影响机制尚未被实证检验。研究以认知行为理论和信号理论作为理论基础，建构了强化型安保的媒体信号、个人体验对旅游者安全感知和安全行为的影响模型，并以 2017 年中国政府举办的厦门金砖峰会作为背景事件，区分总体模型的全变量、无个人体验变量、无媒体信号变量三种情境，并进行了实证检验。研究结果表明，在旅游地启用强化型安保的情境下，强化型安保的媒体信号对旅游者的个人体验、安全感知、安全遵守行为和安全参与行为具有显著的驱动作用，旅游者的个人安保体验在媒体信号的传播中具有重要的参照性作用，它对媒体信号的行为影响力具有差异化的中介影响过程。研究在非危机情境和文化背景两个层面拓展了强化型安保的研究情境，并对旅游安全传播中媒体信号与环境体验信号的差异化作用机制进行了比较分析和验证，揭示了非危机情境线下旅游安全媒体传播信号对旅游者安全行为的影响机制，为非危机情境的线下旅游安全传播与调控以及旅游者行为分析提供了理论依据。研究发现：

第一，强化型安保的媒体信号对旅游者的安保体验、安全感知和安全行为具有显著的驱动作用。在以重大会议活动为背景的强化型安保情境下，媒体对强化型安保开展宣传沟通所传递的媒体信号对旅游者的个人安保体验、安全感知和安全行为等均具有正向影响。其中，媒体信号对旅游者安全感知的影响需要通过个人安保体验的完全中介效应来实现。媒体信号对旅游者安全遵守行为的影响需要通过个人安保体验和安全感知的完全中介效应来实现。媒体信号对安全参与行为的影响既可以通过直接途径来实现，也可以通过个人安保体验和安全感知的部分中介效应来实现。可见，个人体验在媒体信号的作用过程中扮演重要的中介角色。

第二，强化型安保的个人体验对旅游者安全感知和安全行为的驱动作用强于媒体信号。强化型安保环境是旅游者旅游体验中的重要环境元素，旅游者个人体验过程所接受的环境信号对旅游者的安全感知、安全遵守行为和安全参与等均具有直接影响，同时个人体验还可通过部分中介效应影响旅游者的安全遵守行为和安全参与行为。在某种程度上，个人对强化型安保的体验过程也是旅游地安保环境信息的传递过程，这种来自安保实践的信号意义更为强烈，对旅游者安全感知的影响也更为直接和明显。从统计结果来看，个人体验对安全感知的直接影响系数大于媒体信号对安全感知的直接影响系数。因此，安保环境信号通过旅游者个人体验的信号作用要大于媒体传播的信号作用。

第三，安全感知在媒体信号与旅游者安全行为响应间具有重要角色。多重中介效应的分析结果表明，"媒体信号→个人体验→安全感知→安全参与""媒体信号→个人体验→安全感知→安全遵守行为→安全参与行为""个人体验→安全感知→安全参与行为""个人体验→安全感知→安全遵守行为→安全参与行为"等影响路径都显著成立。可见，旅游者对旅游地的安全感知在安保信号传递过程中就扮演着非常重要的支撑角色。换言之，如果旅游地不能给旅游者提供实际的安全感，媒体对安保的宣传和旅游者的安保体验，都不足以驱动旅游者采取积极的安全遵守行为和参与行为。可见，媒体的引导性信号和旅游者体验到的安保实践信号是推动旅游者安全行为的重要前导因素，但旅游者对旅游地安全的整体感知判断则是推动旅游者安全行为的重要条件。

第四，政府对强化型安保的多渠道宣传和安保实践所展示的行为活动均具有显著的信号意义，它既有利于提升旅游者的个人安保体验，也有利于提升旅游者对旅游地的安全感知，还有利于促进旅游者采取安全遵守和安全参与等积极安全行为。在本案例中，政府对强化性安保行为的媒体宣传和安保实践均向旅游者传递了积极、正面的安全信号。

（三）旅游安全传播信号对旅游者线上安全沟通行为的影响机制

在旅游危机情境下，潜在旅游者的线上安全行为主要表现为线上的安全沟通行为，它是影响旅游危机和旅游市场发展走向的重要行为活动，但这一行为体系尚未被系统地识别和检验。研究以信号理论作为理论基础，构建了旅游危机情境下线上媒体声量信号对潜在旅游者线上安全沟通行为的影响模型。研究以 2018 年 7 月泰国沉船事件作为背景事件，以 436 个中文媒体平台的 11 万余条声量信号作为大数据基础，并引入 VAR 模型进行行为响应机制的验证分析。研究结果表明，线上媒体的总体声量信号对潜在旅游者的安全信息生产行为和安全信息分享行为具有显著的动态影响，但线上主流媒体、商业媒体、自媒体等分类媒体的声量信号呈现差异化的动态影响效应。潜在旅游者安全信息生产声量对其安全信息分享声量具有显著的动态影响，其中维度内的方差贡献率大于维度外的方差贡献率。研究识别了旅游危机情境下潜在旅游者安全沟通行为的维度结构，对安全行为的表现情境和维度类型进行了拓展性研究，并对旅游危机线上媒体声量信号对潜在旅游者的动态影响关系进行了验证。研究将两者间的动态影响关系及其影响方向视为一种机制，作为论证的构成部分，研究对"声量信号影响安全沟通行为"的时代背景、基础理论、影响关系等进行了论述，并对其影响结果进行了验证，以完整诠释两者间的动态影响机制，为旅游危机的线上舆情调控和旅游者行为分析提供了理论依据。研究发现：

第一，线上安全沟通行为是旅游危机后潜在旅游者的重要行为响应方式。从安全学科的角度而言，对行为主体的安全行为进行维度分类是重要的研究议题。传统安全行为研究主要聚焦于煤矿等特殊行业的从业人员，一般将从业人员的安全行为划分为安全遵守行为和安全参与行为。[26, 27] 也有学者强调了从业人员线上安全沟通的重要性。[31] 旅游者的安全行为关乎旅游者的人身、财物和心理安全，是旅游者在安全情境下的重要行为响应。本研究认为，旅游危机后潜在旅游者具有交流信息、表达情绪的需求，这些传播和沟通行为在互联网时代也转移到了线上媒体平台，并主要表现为安全信息陈述、安全情绪表达等安全信息生产行为和安全信息转发、安全信息点评等安全信息分享行为。在旅游危机发生后，潜在旅游者的安全信息生产行为和安全信息分享行为是影响旅游危机发展和旅游市场走向的重要传播因素。

第二，旅游危机线上媒体声量信号对潜在旅游者的安全沟通行为具有显著的促进作用。根据性质，线上媒体可以区分为线上主流媒体、线上商业媒体和以个人用户和私人社团为发帖人的自媒体。基于 VAR 模型的研究结果表明，旅游危机线上媒体的总声量信号对潜在旅游者的安全信息陈述、安全情绪表达等安全信息生产声量具有正向影响，对安全信息分享和安全信息点评的声量信号具有正向影响。但是安全信息转发的脉冲响应有部分时段呈现微弱的负向影响，其他时段呈现正向影响。因此，线上媒体的总体声量在绝大部分时段对潜在旅游者的安全沟通行为具有正向影响。从贡献率来看，线上媒体声量信号对安全信息生产及其内在维度具有高比率的贡献水平，对安全信息分享及其内在维度具有稳定但较低比率的贡献水平。

第三，不同类型媒体声量信号对潜在旅游者安全沟通行为的作用机制存在差异性。从分类媒体声量信号与安全信息生产行为的关系来看，主流媒体和自媒体声量信号对潜在旅游者信息陈述和情绪表达的正向影响作用较为明显，商业媒体声量信号主要呈现负向影响。其中，主流媒体声量信号对安全信息生产的短期贡献小于自媒体和商业媒体，但长期贡献率大于自媒体和商业媒体，主流媒体对潜在旅游者安全信息陈述和安全情绪表达有着更大、更持续的影响作用。同时，主流媒体声量信号对潜在旅游者安全信息转发、安全信息点评等安全信息分享行为的短期贡献率和长期贡献率均要大于自媒体和商业媒体。

第四，不同类型媒体声量信号对潜在旅游者安全分类情绪的影响具有差异性。研究将安全情绪表达划分为七大分类情绪，进一步分析线上分类媒体声量信号对安全分类情绪的影响。结果表明，线上分类媒体声量信号对分类情绪"乐""好""怒""哀""惧""恶""惊"都呈现正向波动影响，但在形态上稍有不同。其中，主流媒体和自媒体声量信号对分类情绪"哀"和"惧"的呈现较为明显的震荡型正向波动影响，商业媒体对分类情绪呈现正负交叉波动影响，但总体缓慢增加并趋于平稳。总体上，主流媒体、商业媒体声量信号对分类情绪的贡献率随着预测期的增长而增长，但自媒体声量信号对分类情绪的贡献率随着预测期的增长而下降，其中"怒"和"惊"是短期先上升，长期则呈现下降趋势。

　　同时，线上分类媒体声量信号对七大分类情绪的贡献率存在一定的差异性。从长期来看，主流媒体声量信号对"好"的贡献率最高（53%），其次是"恶"（52%），而"乐"（41%）、"惊"（39.4%）、"哀"（39%）的贡献率差异较小，再次是"惧"（30%），而"怒"的贡献率最低（12%）；商业媒体对七大分类情绪的贡献率都很小，其中商业媒体声量信号对"怒"的贡献率最高（10%），对"哀"的贡献率最低（1.3%）；自媒体声量信号对"惧"的贡献率最高（32.9%），其次是"乐"（32.7%）和"好"（30%）；而"哀"（24.2%）和"恶"（23.8%）的贡献率差异较小，再次是"惊"（15%），而"怒"的贡献率最低（11%）。但从短期来看，自媒体声量信号对分类情绪的贡献率更高，并且差异有所变化，其中自媒体声量信号对"乐"（49%）、"好"（48%）、"恶"（44%）的贡献率较高，其次是"哀"（38%）和"惧"（32%），再次是"惊"（9%），而"怒"的贡献率最低（7%）。可见，主流媒体声量信号对"好""恶""乐""惊""哀"的情绪表达的影响更大，自媒体声量信号在短期内对"好""恶""乐""哀"的情绪表达的影响与主流媒体较为一致；但从长期来看，自媒体声量信号对参与者"惧"的情绪表达的影响最大。

　　研究表明，主流媒体在旅游危机传播和沟通中依然掌握着媒体话语权，在旅游危机舆情发展的过程中起到主要的引导作用。但自媒体对潜在旅游者安全信息生产的短期影响力超过了主流媒体，自媒体主要通过安全信息生产来影响安全信息分享，这在一定程度上挑战了主流媒体的话语权。商业媒体声量信号对潜在旅游者安全沟通行为的影响力微乎其微。

　　第五，旅游风险感知在旅游危机传播中具有重要作用。旅游安全事件引致的旅游危机具有较强的新闻效应，对旅游安全事件产生的风险感对于危机舆情的扩散会产生重要作用。从旅游风险感知的形成来看，主流媒体和自媒体声量信号是参与者旅游风险感知的主要信息来源，商业媒体声量信号对旅游风险感知的贡献率较低。其中，自媒体声量信号对潜在旅游者的旅游风险感知的短期贡献率要高于主流媒体，主流媒体声量信号对潜在旅游者的旅游风险感知的长期影响更为稳定；从旅游风险感知声量信号的影响力来看，旅游风险感知对潜在旅游者的安全信息陈述、安全情绪表达、安全信息分享具有显著的动态影响。其中，旅游风险感知声量对潜在旅游者的安全信息陈述和安全情绪表达都具有正向的影响，从影响过程来看，在短期内达到峰值，而后逐渐减弱。其中，旅游风险感知声量对潜在旅游者的安全情绪表达的贡献高于安全信息陈述。旅游风险感知声量对潜在旅游者的安全信息点评具有正向影响，对于潜在旅游者的安全信息转发具有动态影响，其中大部分时段为正向影响。从贡献率来看，旅游风险感知声量信号对安全信息点评的贡献率略微高于安全信息转发。

第六，旅游风险感知声量对潜在旅游者安全分类情绪的影响具有差异性。研究将安全情绪表达划分为七大分类情绪，进一步分析旅游风险感知声量信号对安全分类情绪的影响。结果表明，旅游风险感知声量信号对分类情绪"乐""好""怒""哀""惧""恶""惊"都呈现正向波动影响，但在形态上稍有不同。其中，旅游风险感知对分类情绪"乐"和"惧"的呈现逐渐下降、较为平稳的正向影响，而旅游风险感知对分类情绪"怒""惊""好""哀""恶"则呈现震荡型正向波动影响。总体上，旅游风险感知声量信号对分类情绪"乐""好""怒""惧""恶""惊"的贡献率随着预测期的增长而增长，而旅游风险感知声量信号对分类情绪"哀"的贡献随着预测期的增长而稍有下降，但总体趋于稳定。总体上，旅游风险感知的声量信号对安全分类情绪都有正向促进作用。但旅游风险感知对七大分类情绪的贡献率存在一定的差异性。其中，旅游风险感知对分类情绪"惧"的贡献率最高（58%），其次是分类情绪"好"（43%）和"惊"（37%），而"乐"（28%）、"哀"（20%）、"怒"（19%）的贡献率差异较小，对"恶"的贡献率最低（11%）。

研究发现，无论是从短期还是长期来看，旅游风险感知对分类情绪"惧"的贡献率最高，而旅游风险感知对分类情绪"恶""怒"的贡献率虽然不是很高，但却有近2~3倍的贡献增长率。这表明，旅游危机事件发生后的很长一段时间，潜在旅游者始终处在"惧"的情绪表达中；同时，危机事件后潜在旅游者的情绪表达由"好""惧""惊""乐""哀"慢慢扩展到"恶"和"怒"，他们对旅游危机事件的态度发生了一定的变化，厌恶和愤怒的情绪表达声量越来越高，甚至由害怕发展到了愤怒和抵制。

第七，潜在旅游者安全信息生产声量对其安全信息分享声量具有动态影响。潜在旅游者的安全信息生产对安全信息分享具有显著的以正向为主的动态影响，这种影响的信息贡献率维持在中低程度。在维度内部，潜在旅游者的安全信息陈述对安全情绪表达具有正向的动态影响，前者对后者具有较高程度的信息贡献率（38.9%~50.0%）。安全信息转发对安全信息点评具有正向的动态影响，前者对后者同样具有较高程度的信息贡献率（22.6%~30.4%）。可见，亚维度内部的信息贡献水平要大于维度间的信息贡献水平。这表明，安全信息扩散的主要动力来自潜在旅游者的安全信息转发和点评等信息分享行为间的动态循环和动态影响。同时，潜在旅游者的安全信息陈述、安全情绪表达等安全信息生产声量都对其安全信息分享声量具有动态的脉冲影响，这种影响在大部分时段呈现正向影响，部分时段正向负向影响。其中，潜在旅游者安全信息生产声量对其安全信息分享声量的动态影响在短期内达到峰值，中后期的起伏波动性较大。从长期来看，潜在旅游者的安全信息陈述声量对安全信息分享声量的影响在前期波动较大，中后期趋于稳定。潜在旅游者的安全情绪表达声量对安全信息分享声量的影响在前期起伏波动也较大，中后期趋于稳定。总体上，潜在旅游者的安全情绪表达对其安全信息分享的贡献要高于安全信息陈述。

第八，线上媒体声量信号对潜在旅游者的安全沟通行为具有多阶段性的动态影响。研究表明，旅游危机事件发生后，媒体机构所开展的线上报道会汇聚成声量信号，这种声量信号具有随时间延续而动态变化的机制。同时每一时期新增的信息报道又会汇聚成新的声量信号，由此使线上媒体声量信号产生了多阶段、动态化的表现形态。随着线上媒体声量信号的动态变化，它对自媒体平台上潜在旅游者的安全沟通行为的影响形态和贡献水平也产生了多阶段的动态影响。实证结果表明，安全信息生产、安全信息分享等潜在旅游者的安全沟通行为对声量信号均具有多阶段脉冲响应关系，这种响应机制既伴随着信号效应的发生，也伴随着危机情境下的信息唤醒和信息分享，正是信号效应和信息唤醒机制的支撑，才驱动了安全信息生产对安全信息分享的动态强化，由此推动旅游危机舆情的发生和发展。其影响过程和影响机制如图 7.1 所示。

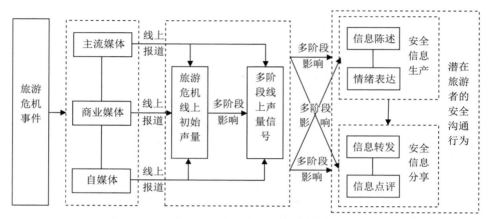

图 7.1　危机情境下线上媒体声量信号对潜在旅游者安全沟通行为的影响机制

二、理论贡献

研究通过区分旅游安全传播的情境结构探索多分类情境下的旅游安全传播机制，是一种新的尝试，为旅游安全传播提供新的研究议题和视角。通过本书的综合性研究，本书完成的主要理论贡献包括：

（1）理论贡献一：研究提出了由"传播主体（who）—传播情境（situation）—传播性质（nature）—传播任务（task）—传播内容（content）—传播渠道（channel）—感知（perception）—响应（response）"构成的旅游安全传播与行为响应的理论分析框架，为旅游安全传播与旅游者安全行为响应机制的揭示与验证提供了理论基础。研究认为，建构旅游安全传播机制应该由传播主体以旅游安全传播的情境分析作为起点，并以旅游者的安全行为响应作为结果导向，这是推动旅游安全传播治理成效得以实现的重要基础。

（2）理论贡献二：研究基于认知行为理论和信号理论，探索和验证了旅游安全传播信号对旅游者线下安全行为的影响机制。①研究对旅游地非危机情境下的强化型安保环境进行了拓展性研究。强化型安保是旅游者经常面对的旅游环境现象，其中，住宿场所的强化型安保环境得到的理论关注较多[119, 205, 206]。就旅游地而言，在恐怖袭击、紧急状态等危机情境下采取强化型安保措施是常见的现象。Cruz-Milán 等学者（2016）[118]对人道主义危机情境下安保部队的部署及长期旅游者的行为响应进行了探索。相比之下，重大会议活动等非危机情境下的安保强化环境较少受到理论关注。在厦门案例中，旅游者对这种强化型安保环境具有较高的感知识别性，它是影响旅游者行为体验的重要环境情境。②研究对旅游安全传播中媒体信号与环境体验信号的差异作用机制进行了比较分析和验证。本研究认为，旅游安全传播可以依托的媒体包括电视、报纸等传统媒体[6, 7, 218]，也包括自媒体、社交媒体等新兴媒体[8]，在内容上则包括新闻报道和存量信息[118]。旅游地使用多渠道媒体对强化型安保措施进行宣传，这为旅游者提供了一个了解强化型安保的低成本信号，它弥补了旅游者的信息劣势。旅游地在媒体宣传过程中则可以通过议程设置效应和框架效应来主导宣传方向，使旅游者认同强化型安保的合理性与正当性。同时，旅游地实际所采取的各种强化性安保措施则提供了一个真实的安保体验环境，它不断向旅游者发出安保体验信号。媒体信号和安保环境的体验信号对旅游者的安全感知和安全行为均具有影响作用。可见，在安保信号的传递过程中，媒体信号是重要的安全信息源，旅游者对安保环境信号的个人体验则是旅游者进行安全判断和决策的重要参照对象，它对媒体信号的影响过程具有支撑作用。旅游者对旅游环境的总体安全感知在媒体信号与个人体验信号中也具有重要的支撑作用和传递作用。③研究首次对中国文化情境下、中国旅游者对强化型安保环境的安全行为响应机制进行了探索。本研究表明，中国旅游者认可和接受重大会议背景下旅游地所采取的强化型安保措施。旅游地政府通过媒体信号和环境体验信号建构起强化型安保环境，它向中国旅游者传递了积极、正面和安全的信号，并驱动中国旅游者采取安全遵守和安全参与等积极的行为活动。

（3）理论贡献三：研究基于信号理论，探索和验证了旅游安全传播信号对旅游者线上安全沟通行为的影响机制。①研究对旅游危机情境下潜在旅游者的安全沟通行为进行了拓展性研究。传统的安全遵守和安全参与行为是线下旅游安全行为的主要维度，研究对旅游危机情境下潜在旅游者的安全沟通行为进行了系统的识别，并将线上旅游安全沟通行为区分为安全信息生产和安全信息分享等行为体系。从行为主体来看，本研究的对象是旅游危机情境下的潜在旅游者，研究情境则实现从传统的现实场景拓展到网络场景，这丰富了旅游者安全行为的研究情境和范畴，为旅游者的安全行为调控提供了新的场景和范畴。因此，旅游危机情境下潜在旅游者的安全沟通行为的识别是对传统旅游安全行为理论的重要拓展，有利于科学理解旅游危机沟通中潜在旅游者的沟通行为，有助于科学调控旅游危机舆情和旅游市场的发展走向。②研究将线上媒体主要区分为线上主流媒体、线上商业媒体和自媒体等媒体类型，并基于媒体声量总量和分类媒体声量等声量数据，对变量间的动态响应关系进行了逐一分析。研究表明，分类媒体在旅游危机沟通中具有差异化、非线性的影响力，这种实证结果厘清了线上主流媒体、线上商业媒体和自媒体等媒体类型在旅游危机沟通与管理中的作用机制，对于旅游地和旅游企业危机舆情的精准管理和危机情境下旅游者的线上行为分析提供了理论依据和策略基础。③研究以大连理工大学的《中文情感词汇本体》为基础词库，通过人工阅读原始数据获得新增词汇 212 个，构建了线上参与者安全情感词库。④研究首次将舆情声量数据作为变量数据进行采集整理，并采用了基于 VAR 模型的脉冲响应分析法，以对媒体声量和安全沟通行为等变量间的动态响应关系进行拟合分析，突破了传统的研究范式。

三、实践启示

旅游安全传播的任务体系逐渐从传统的危机传播转变为多阶段进程中的多任务结构。旅游地和旅游企业既要开展日常的预防性传播，也要开展危机事发的预测性传播，还要做好危机事后的处置性传播，并需要面向特定的安全工作开展功能性安全传播[9]。旅游安全传播既包括危机情境的传播，也包括非危机情境的传播，还包括线上—线下的组合情境传播；旅游安全传播应建立面向多主体任务结构的旅游安全传播体系。

（1）旅游企业和旅游地应注重对危机情境下潜在旅游者安全沟通行为的精准识别，科学引导各类旅游者的线上行为活动。旅游危机是社会广泛关注的事件，危机情境下潜在旅游者的安全沟通行为是影响舆情扩散和旅游市场发展的重要要素。其中，潜在旅游者的安全信息生产行为和安全信息分享行为具有不同的来源动机和不同的影响效应，旅游企业和旅游地需要能较为准确地识别潜在旅游者的安全沟通行为，从安全沟通行为的不同维度识别潜在旅游者的行为动向，从而实现旅游危机舆情的精准把控。其中，安全信息陈述和安全情绪表达具有较强的原创性，是危机舆情中议题设立的重要基础。安全信息转发和安全信息点评则是在原创信息基础上的扩散行为，是影响舆情扩散的重要行为。对此，旅游地和旅游企业应该积极主导安全信息生产中的议题设立，并对冲安全信息分享中的信息扩散行为。

（2）旅游企业和旅游地应基于分类媒体声量信号的差异化作用机制来调控旅游危机舆情和引导旅游市场动向。分类媒体对潜在旅游者的安全沟通行为具有差异化的影响作用，其中主流媒体具有稳定的长期影响，自媒体具有较强的短期情绪激发能力。在旅游危机舆情的处置中，要充分发挥主流媒体的议题设置和信息引导作用，主流媒体应该具有危机传播意识，尽早介入旅游危机的传播和公众沟通，通过权威信息的早期传播来设置议题和引导舆情走向，并通过稳定的信息输送来发挥长期影响力。在潜在旅游者安全沟通行为的影响来源中，自媒体平台具有短期影响力大于长期影响力的特征，旅游地和旅游企业要重点关注其短期的情绪影响能力，并通过适当的方式进行情绪对冲处置。总体上，主流媒体要有时代的担当，要做好顶层设计，积极实现传播平台的多样化。要通过强化媒体议程设置的引导作用，在旅游安全传播中始终占领舆论引导、思想引领的制高点，用主流价值导向提升潜在旅游者对旅游安全的认知水平。与此同时，相关部门应加强对自媒体、商业媒体等新兴媒体的监督管理，倡导正能量的社会舆论。

（3）建设有助于塑造潜在旅游者理性表达安全行为的线上媒体传播环境。旅游危机传播是旅游安全传播的重要任务结构，无论是危机情境下的旅游危机沟通，还是日常状态下的旅游安全沟通，都要基于多元化的线上媒体平台来引导潜在旅游者的理性安全行为。因此，国家应该致力于建设有助于塑造安全行为的线上媒体传播环境，既对线下旅游者的实体安全行为进行引导，也对潜在旅游者的安全沟通行为进行引导。对潜在旅游者而言，旅游危机线上媒体的声量信息是潜在旅游者开展旅游安全沟通的基础认知要素，是潜在旅游者感知旅游风险的重要判断依据。主流媒体能否在第一时间准确报道旅游危机事件并做出客观的评价，是线上安全传播环境营造的关键。同时，应加强对商业媒体的职业规范引导，并对自媒体情绪表达进行及时的疏导与调控，这是线上安全传播环境营造的重要组成部分。

（4）重视旅游风险感知的传导作用。旅游危机所传递的风险感知信号是激发潜在旅游者安全沟通行为的重要因素，也是影响舆情扩散和潜在旅游者对旅游地形象判断的重要因素。在旅游危机舆情的调控中，要对涉及风险感知的信息因素进行精准识别，通过关键词判断、声量监测等方式，掌握媒体平台对旅游风险感知要素的传播力度，掌握潜在旅游者对旅游危机后风险要素的感知程度，并据此提出具有针对性的旅游风险感知干预体系。对于事发地而言，减少旅游风险感知要素的传播，降低潜在旅游者的旅游风险认同，是维持旅游地良好形象的关键，也是旅游危机调控中的关键任务。

（5）旅游地应重视非危机情境下媒体信号对旅游者安全行为的引导作用。媒体的议程设置能够为受众确定重要的问题，对旅游者的安全观念建构能起到积极的引导作用。在旅游过程中，强化型安保会带来烦琐的安检流程，并在一定程度上影响旅游者的旅游体验质量。借助于媒体议程设置的引导作用，在旅游安全传播中宣传强化型安保的合理性与正当性，有助于提高受众对强化型安保环境的接受度，提升旅游者对旅游地安全的认知水平。同时，通过负责任安全旅游知识的传播，有助于提升旅游者对负责任旅游的认识，并有助于减少旅游过程中的不安全行为。因此，在旅游安全传播中要重视媒体议程设置的积极作用，并积极通过混合性媒体渠道和新闻报道等媒体形式传播安保信号，以引导和修正旅游者对强化型安保环境的认知。

（6）提升媒体信号与个人安全体验的契合度。旅游安全传播应借助媒体报道的框架效应，优化媒体报道的呈现方式，提高媒体报道与个人体验的契合度。媒体报道的呈现方式是多样化的，既可以选择媒体报道的等价框架，也可以选择强调框架，或者是二者的结合。对强化安保的媒体报道应注重媒体框架的组合，尽量以客观的方式进行报道陈述，但是不能过度强调与渲染安保强化的专业部署。在语言表达和图片选择上尽量契合旅游者的认知范围，适当选取旅游场景的安保强化报道，展现安保强化下旅游场景的秩序感与安全感，注重对安保环境与安保结果的呈现框架，以为旅游者的安保强化体验提供良好的认知基础。

（7）重视旅游地综合安全环境的营造。对旅游者而言，强化型安保是旅游者旅游过程中的一个体验要素，是旅游者对旅游地整体安全感进行判断的依据之一，旅游地的自然灾害水平、民众的好客程度、旅游设施的完善程度等，都是旅游者形成旅游安全感的要素基础。在旅游安全传播中，旅游安全感知具有重要的支撑角色，是诱导并驱动旅游者安全行为的关键支点。因此，在整体上形成安全的旅游环境并给旅游者带来安全的旅游体验，成为旅游者判断强化型安保的合理性的认知基础。

（8）建立系统的旅游安全传播策略体系。旅游安全传播策略的建构应该系统分析旅游安全传播信号的建构体系，从旅游安全传播主体、传播情境、传播内容、传播渠道等信号建构要素进行针对性的策略发展。同时，要充分考虑主流媒体、商业媒体、自媒体等分裂媒体的差异化作用机制，并分别建构对应的传播策略。其中，面向政府、企业和旅游者的传播导向分别是有序的舆情引导、精准的信息把控和理性的信息生产。主流媒体、商业媒体和自媒体都是旅游安全传播的有效渠道，基于影响力的配置策略是提升传播成效的关键。

四、研究展望

研究对旅游安全传播与旅游者安全行为响应模型的理论建构是一种初步的尝试，本研究虽然对旅游安全传播的情境结构、媒体渠道、行为响应等基础内容进行了梳理，明确了旅游安全传播、媒体信号与旅游者行为响应的结构关系，并以此为基础，对旅游安全传播与旅游者线上—线下的安全行为响应机制等关键问题进行探讨。未来的研究将从以下方面进行深入探索：

（1）研究对旅游安全传播与旅游者线上—线下的安全行为响应机制进行了探索，但对旅游安全传播的情境结构并未做系统的实证检验。旅游安全传播的情境结构较为多样化，研究将以实证分析为基础，对旅游安全传播的上述机制及其行为响应继续进行探索和分析，以构建起更为完整的旅游安全传播机制。

（2）研究对旅游安全传播与旅游者线上安全沟通行为响应的影响机制进行了实证检验。研究以中文线上平台作为舆情声量数据采集载体，研究的主体对象是使用中文的潜在旅游者。由于不同文化背景下的旅游者对旅游危机事件的认知方式和安全沟通行为的倾向性可能存在差异，因此未来的研究应对潜在旅游者的地域特征进行细分，并考察潜在旅游者文化差异对安全沟通行为的影响，这应该成为未来研究的重要方向。同时，非危机情境下潜在旅游者的安全沟通行为与危机情境下的沟通行为可能具有显著差别，线上媒体对非危机情境下潜在旅游者安全沟通行为的影响机制也可能具有差异性，这种影响机制有必要进行深入的探索。

（3）研究对旅游安全传播与旅游者线下安全行为响应的影响机制进行了实证检验。研究是在中国文化情境下、以厦门金砖峰会为背景事件、以中国旅游者作为对象开展的研究。但是，不同国家的民众对安保的认知、对安保部队的崇敬感、信任感及依靠感存在差异。换言之，不同文化背景下的旅游者对强化型安保环境的认知方式和行为响应方式可能存在差异，本研究的调研对象并没有包括外籍旅游者，因此也没能考察旅游者文化差异对强化型安保环境及行为响应的影响，这应该成为未来研究的重要方向。

参考文献

［1］国家统计局 . 中华人民共和国 2019 年国民经济和社会发展统计公报［R］.2020.

［2］张志安，胡笳 .2018—2019 年旅行社责任保险统保示范项目及旅游救援保险的发展形势分析与展望［R］// 郑向敏，谢朝武，编 . 中国旅游安全报告（2019）. 北京：社会科学文献出版社，2019：194–203.

［3］习近平 . 在中央国家安全委员会第一次会议上的讲话［N］. 人民日报，2014–04–16.

［4］习近平 . 习近平在中国共产党第十九次全国代表大会上的报告［N］. 人民日报，2017–10–28.

［5］谢朝武，黄锐，陈岩英 . "一带一路"倡议下中国出境旅游者的安全保障 ——需求、困境与体系建构研究［J］. 旅游学刊，2019，34（3）：41–56.

［6］丁绪武，吴忠，夏志杰 . 社会媒体中情绪因素对用户转发行为影响的实证研究——以新浪微博为例［J］. 现代情报，2014，34（11）：147–155.

［7］武红，谷树忠，关兴良，等 . 中国化石能源消费碳排放与经济增长关系研究［J］. 自然资源学报，2013，28（3）：381–390.

［8］何丹，殷清眉，杨牡丹 . 交通基础设施建设与城市群一体化发展——以长株潭 "3+ 5" 城市群为例［J］. 人文地理，2017，32（6）：72–79.

［9］辞海［M］. 上海：上海辞书出版社，2010：26.

［10］王逸舟 . 中国与非传统安全［J］. 国际经济评论，2004（6）：32–35.

［11］张进福，郑向敏 . 旅游安全研究［J］. 华侨大学学报（人文社会科学版），2001（1）：15–22.

［12］郑向敏，宋伟 . 国内旅游安全研究综述［J］. 旅游科学，2005，19（5）：1–7.

［13］谢朝武 . 旅游应急管理［M］. 北京：中国旅游出版社，2013.

［14］张国良 . 传播学原理［M］. 上海：复旦大学出版社，1995：3–6.

［15］姚君喜 . 传播与意义的建构——关于 "传播" 定义的再思考［J］. 当代传播 2009（2）：22–25.

［16］［美］威尔伯·施拉姆，威廉·波特 . 传播学概论［M］. 陈亮，周立方，李启，译 . 北京：新华出版社，1984：60.

［17］哈罗德·拉斯韦尔 . 社会传播的结构与功能［M］. 展江，何道宽，译 . 北京：中国传媒大学出版社，2013：35–36.

［18］郭庆光．传播学概论［M］.北京：人民大学出版社，2011：53.

［19］谢金文，邹霞．媒介，媒体，传媒及其关联概念［J］.新闻与传播研究，2017，27（3）：119-122.

［20］朱炳坤，佟德志．媒体对民主的双刃剑效应与复合解决方案［J］.新闻与传播评论，2019，72（6）：27-34.

［21］严三九．中国传统媒体与新兴媒体渠道融合发展研究［J］.现代传播 – 中国传媒大学学报，2016，38（7）：1-8.

［22］代玉梅．自媒体的传播学解读［J］.新闻与传播研究，2011，27（5）：4-11.

［23］刘建新．主流媒体如何摆脱被边缘化的厄运？［J］.新闻爱好者，2004（12）：4-5.

［24］袁靖华．微博的理想与现实——兼论社交媒体建构公共空间的三大困扰因素［J］.浙江师范大学学报（社会科学版），2010，35（6）：20-25.

［25］周逵．传统主流媒体的跨平台传播现状及问题分析——以北京市属主流媒体为例［J］.东南传播，2015，12（9）：1-3.

［26］刘明娜，任泰嘉．案件传播偏向及舆论导向研究——基于商业媒体、自媒体、警方三者协商共治角度［J］.湖北警官学院学报，2018，31（5）：117-123.

［27］徐曼，刘博．全媒体时代提升主流意识形态传播力的境遇与对策［J］.思想理论教育，2019（9）：81-85.

［28］习近平．推动媒体融合向纵深发展 巩固全党全国人民共同思想基础［Z］.中共中央政治局第12次集中学习讲话，2019.1.25.

［29］孟威．主流媒体网站内容建设的三个维度［J］.人民论坛，2016（19）：30-32.

［30］方迎丰．"主流媒体"四辨［J］.新闻界，2006，26（6）：57-58.

［31］林晖．中国主流媒体与主流价值观之构建［J］.新闻与传播研究，2008，26（2）：41-47，94.

［32］周胜林．论主流媒体［J］.新闻界，2001，21（6）：11-12.

［33］臧燕，刘月芹．全球化背景下对外传播话语权的建构［J］.现代视听，2008，14（4）：22-24.

［34］易鹏．社会主义核心价值观网络传播困境与对策研究［D］.西南大学，2018.

［35］黄辉．网络广告：一种全新的商业媒体［J］.商业经济与管理，1999（1）：30-32.

［36］凌小萍，邓伯军．新媒体与传统媒介的比较与融合［J］.理论月刊，2015，41（4）：73-76，87.

［37］林炜铃，赖思振，邹永广．滨海旅游地安全氛围对旅游者安全行为的影响机制——来自三亚和厦门的实证数据［J］.旅游学刊，2017，32（2）：104-116.

［38］罗明义．旅游经济分析——理论·方法·案例［M］.昆明：云南大学出版社，2001：41-43.

［39］白凯，王馨．中国旅游者行为研究述评（1987—2018）［J］.旅游导刊，2018，2（6）：17-

32.

［40］邹巧柔，谢朝武．旅游者安全行为：研究源起与国内近十年研究述评［J］.旅游学刊，2013，28（7）：109-117.

［41］吴艺娟，郑向敏．旅游者安全行为外文研究文献综述［J］.旅游导刊，2017，1（5）：68-85.

［42］张广瑞．亚洲金融危机对中国国际旅游业的影响及其对策［J］.财贸经济，1998，5.

［43］赵吟清．调整经营战略 实施内外结合 挖掘旅游客源 提高服务品质——亚洲金融危机对福建省旅游业的影响和对策［J］.东南学术，1998（4）：27-29.

［44］周玲强．亚洲金融危机对我国国际旅游业的影响及对策研究［J］.浙江大学学报（人文社会科学版），1999，29（1）：146-151.

［45］梁琦．亚洲金融危机对国际旅游服务贸易的影响及对策思考［J］.国际贸易问题，1999，1：22-26.

［46］郑向敏．旅游安全学［M］.北京：中国旅游出版社，2003.

［47］席建超，刘浩龙，齐晓波，吴普．旅游地安全风险评估模式研究——以国内10条重点探险旅游线路为例［J］.山地学报，2007（3）：116-121.

［48］章锦河，张捷，王群．旅游地生态安全测度分析——以九寨沟自然保护区为例［J］.地理研究，2008，27（2）：449-458.

［49］刘宏盈，马耀峰．基于旅游感知安全指数的旅游安全研究——以我国六大旅游热点城市为例［J］.干旱区资源与环境，2008，22（1）：118-121.

［50］王彩萍，徐红罡．重大事件对中国旅游企业市场绩效的影响：以2008年为例［J］.旅游学刊，2009，24（7）：58-65.

［51］李宜聪，张捷，刘泽华，张宏磊．自然灾害型危机事件后国内旅游客源市场恢复研究——以九寨沟景区为例［J］.旅游学刊，2016（6）：104-112.

［52］谢朝武，张俊．我国旅游突发事件伤亡规模空间特征及其影响因素［J］.旅游学刊，2015，30（1）：83-91.

［53］戴斌，刘大可，秦宇，李宏，厉新建，朱静．旅游产业安全：概念，原理与影响机制［J］.北京第二外国语学院学报，2004（5）：10-16.

［54］翁钢民，王婷．旅游产业安全影响因素及评价体系构建研究［J］.生态经济（学术版），2012（1）：195-197，222.

［55］李九全，李开宇，张艳芳．旅游危机事件与旅游业危机管理［J］.人文地理，2003，18（6）：35-39.

［56］邹统钎．旅游危机管理［M］.北京大学出版社，2005.

［57］谷慧敏．旅游危机管理研究［M］.天津：南开大学出版社，2007.

[58]孙根年.论旅游危机的生命周期与后评价研究[J].人文地理,2008,23(1):7-12.

[59]叶欣梁,温家洪,丁培毅.重点旅游地区自然灾害风险管理框架研究[J].地域研究与开发,2010,29(5):68-73.

[60]李树民,温秀.论我国旅游业突发性危机预警机制建构[J].西北大学学报(哲学社会科学版),2004,36(5):44-47.

[61]谢朝武.业外突发事件与旅游业的应急管理研究[J].华侨大学学报(哲学社会科学版),2008,26(4):28-36.

[62]侯国林.旅游危机:类型、影响机制与管理模型[J].南开管理评论,2005,8(1):78-82.

[63]陈文君.我国旅游景区的主要危机及危机管理初探[J].旅游学刊,2005,20(6):65-70.

[64]王兆峰,朱彦锋.旅游产业风险防范与化解对策研究[J].吉首大学学报(自然科学版),2009,30(5):116-120,128.

[65]朱伟霞,韩静雯.突发事件对城市旅游业的影响分析——以菲律宾马尼拉劫持游客事件为例[J].现代商贸工业,2011,23(13):63-64.

[66]王宏伟,李贺楼.我国应急管理体制性弊端探因[J].中国减灾,2010,30(11):40-42.

[67]谢朝武.基于聚类和最优尺度分析的户外拓展运动的安全风险研究[J].旅游学刊,2011,26(5):47-52.

[68]刘怡君,陈思佳,黄远,马宁,王光辉,牛文元.重大生产安全事故的网络舆情传播分析及其政策建议——以"8·12天津港爆炸事故"为例[J].管理评论,2016,28(3):221-229.

[69]王国华,陈飞,曾润喜,等.重大社会安全事件的微博传播特征研究——以昆明"3·1"暴恐事件中的@人民日报新浪微博为例[J].情报杂志,2014,33(8):139-144.

[70]张敏,霍朝光,霍帆帆.突发公共安全事件社交舆情传播行为的影响因素分析——基于情感距离的调节作用[J].情报杂志,2016,35(5):38-45.

[71]吕宛青,贺景.旅游危机事件网络舆情系统的主体构成与应对机制[J].重庆社会科学,2018(12):105-115.

[72]付业勤,郑向敏.旅游网络舆情危机事件的分类体系构建研究[J].渤海大学学报(哲学社会科学版),2014(3):130-133.

[73]涂红伟,骆培聪.消费者愤怒情绪对旅游意愿和负面口碑传播的影响——基于目的地非道德事件情境下的实证研究[J].旅游科学,2017,31(2):42-54.

[74]杨清华,田中阳.新媒体环境下旅游品牌的危机传播策略[J].湖南大学学报(社会科学版),2017,34(5):147-151.

[75]葛跃辉.走向市场化、人民化、云端化——新媒体冲击下报媒坚持党性并向市场经济纵深发展研究[J].东南大学学报(哲学社会科学版),2019,21(6):106-110.

［76］汪金刚.融合传播环境下信息空间的嬗变与生态重构［J］.当代传播，2020，36（1）：89-92，101.

［77］龚莉芹.推进媒体深度融合的实践与创新［J］.江西社会科学，2019，40（12）：240-246.

［78］朱鸿军.颠覆性创新：大型传统媒体的融媒转型［J］.现代传播（中国传媒大学学报），2019，41（8）：1-6.

［79］赵会泽，张力.新媒体叙事转向与社会主义核心价值观培育［J］.中国高等教育，2019，55（6）：40-42.

［80］柳斌杰，郑雷.新媒体环境下中国新闻管理与舆论引导问题、趋势分析［J］.国际新闻界，2019，59（2）：6-19.

［81］王天娇．"新媒体使用"概念的有效性——从媒介使用和媒介效果看网络信息渠道的异质性［J］.国际新闻界，2020，42（1）：119-135.

［82］吴必虎，王晓，李咪咪.中国大学生对旅游安全的感知评价研究［J］.桂林旅游高等专科学校学报，2001，12（3）：62-68.

［83］范向丽.基于台湾女性旅游者行为倾向的福建省旅游市场开发策略研究［J］.福建师范大学学报（哲学社会科学版），2008，75（2）：68-73.

［84］刘丛，谢耘耕，万旋傲.微博情绪与微博传播力的关系研究——基于24起公共事件相关微博的实证分析［J］.新闻与传播研究，2015，41（9）：92-106.

［85］［美］马克斯韦尔·麦库姆斯.议程设置：大众媒介与舆论（第二版）［M］.北京：北京大学出版社，2018.

［86］郭镇之.关于大众传播的议程设置功能［J］.国际新闻界，1997，60（3）：18-25.

［87］张克旭，臧海群，韩纲，等.从媒介现实到受众现实——从框架理论看电视报道我驻南使馆被炸事件［J］.新闻与传播研究，1999，18（2）：2-10，94.

［88］黄旦.传者图像：新闻专业主义的建构与消解［M］.上海：复旦大学出版社，2005.

［89］张露萍.旅游类垂直社交媒体平台的互动发展模式分析——以马蜂窝旅游为例［J］.传媒，2019，21（3）：66-68.

［90］张丹，谢朝武.我国旅游者公共安全服务：体系建设与供给模式研究［J］.旅游学刊，2015，30（9）：82-90.

［91］陈岩英，谢朝武.全域旅游发展的安全保障：制度困境与机制创新［J］.旅游学刊，2020，35（2）：5-7.

［92］杨治良，郝兴昌.心理学辞典［M］.上海：上海辞书出版社，2016：552.

［93］屈册，马天.旅游情境：在想象与地方之间［J］.北京第二外国语学院学报，2015（3）：20-27.

［94］石奎.旅游危机管理的信息沟通机制构建［J］.广西民族大学学报（哲学社会科学版），2007，29（2）：126-130.

［95］高开欣，吴超，王秉.基于信息传播的安全教育通用模型构建研究［J］.情报杂志（12）：136-141.

［96］崔振新，杜晓雨.中国民航安全信息传播效果分析［J］.安全与环境工程，2016，23（2）：71-74.

［97］刘民坤，范朋.会展旅游安全管理概念模型构建——以中国—东盟博览会为例［J］.广西大学学报（哲学社会科学版），2012，34（6）.

［98］刘丽，陆林，陈浩.基于目的地形象理论的旅游危机管理——以中国四川地震为例［J］.旅游学刊，2009，24（10）：27-32.

［99］殷杰，郑向敏.高聚集旅游者群安全的影响因素与实现路径——基于扎根理论的探索［J］.旅游学刊，2018，33（7）：133-144.

［100］黄纯辉，黎继子，周兴建.旅游者出游意愿影响因素研究——基于突发公共卫生事件的实证［J］.人文地理，2015（3）：151-156.

［101］杨钦钦，谢朝武.旅游者微—宏观安全感知与出游意愿的互动效应——基于巴黎恐袭的案例研究［J］.旅游学刊，2018，33（5）：68-78.

［102］赵益普等.泰媒敦促政府反思普吉沉船事故［N］.环球时报，2018-07-13.

［103］谢起慧，彭宗超.基于TAM的政务微博与政务微信危机沟通机制比较研究［J］.情报杂志，2017，36（5）：110-116.

［104］柳恒超.风险沟通与危机沟通：两者的异同及其整合模式［J］.中国行政管理，2018，34（10）：118-122.

［105］陈亮，王卓，佘升翔，等.基于认知—情绪交互视角的产品伤害危机沟通实证研究［J］.财经理论与实践，2015，36（3）：127-132.

［106］尹金凤，蔡骐.中国食品安全传播的价值取向研究［J］.江淮论坛，2014，67（3）：144-149.

［107］韦路，丁方舟.论新媒体时代的传播研究转型［J］.浙江大学学报（人文社会科学版），2013，43（4）：93-103.

［108］张华.权力互动视角下的政府网络信息公开——基于对省级政府网络理政能力的实证分析［J］.情报杂志，2017，36（5）：139-142.

［109］聂智，邓验.自媒体领域主流意识形态话语权的构成要素及衡量维度［J］.湖南师范大学社会科学学报，2016，65（5）：69-74.

［110］张凌云.旅游学研究的新框架：对非惯常环境下消费者行为和现象的研究［J］.旅游学刊，

2008，23（10）：12–16.

［111］李志飞.生活在别处：旅游者二元行为理论［J］.旅游学刊，2014，29（8）：13–14.

［112］黄震方，李想，高宇轩.旅游目的地形象的测量与分析——以南京为例［J］.南开管理评论，
2002，11（3）：69–73.

［113］吕尚彬.媒体融合的进化：从在线化到智能化［J］.人民论坛·学术前沿，2018，8（24）：
50–59.

［114］姚亚男，郭国庆，连漪，李青.自媒体环境下顾客创造及其体验价值——基于微博用户访谈的
内容分析［J］.管理评论，2017，29（4）：98–107.

［115］杨庆国，陈敬良，甘露.社会危机事件网络微博集群行为意向研究［J］.公共管理学报，
2016，17（1）：65–80.

［116］黄辉.网络广告：一种全新的商业媒体［J］.商业经济与管理，1999（1）：30–32.

［117］代玉梅.自媒体的传播学解读［J］.新闻与传播研究，2011（5）：4–11.

［118］白寅，余俊.危机传播中新闻媒体的放大器效应及行为选择［J］.中南大学学报（社会科学版），
2011，17（4）：182–186.

［119］王晓蓉，彭丽芳，李歆宇.社会化媒体中分享旅游体验的行为研究［J］.管理评论，2017，29
（2）：97–105.

［120］王丽丽.信息一致性视角下媒体报道对风险感知的影响［J］.北京理工大学学报（社会科学版），
2016，18（6）：153–158.

［121］田世海，孙美琪，张家毓.基于贝叶斯网络的自媒体舆情反转预测［J］.情报理论与实践，
2019，42（2）：131–137.

［122］邢振江.特大安全事故行政问责回应性探究——基于纸质媒体和网络媒体的比较分析［J］.管
理世界，2018，34（9）：194–195.

［123］张伟，李晓丹，郭立宏.不同微博营销渠道对产品销量的影响研究：品牌自有媒体 VS 第三方
媒体的路径对比［J］.南开管理评论，2018，21（2）：43–51.

［124］曾凯生，余孟为.互联网上的情境性刺激与行为意向——一个传统媒体理论框架在新媒体下的
拓展［J］.现代传播：中国传媒大学学报，2016，23（11）：131–136.

［125］吴联仁，易兰丽，闫强.危机事件下在线群体用户行为统计特征分析［J］.情报科学，2015，
33（10）：57–60.

［126］刘逸，保继刚，朱毅玲.基于大数据的旅游目的地情感评价方法探究［J］.地理研究，2017，
36（6）：1091–1105.

［127］徐琳宏，林鸿飞，潘宇，等.情感词汇本体的构造［J］.情报学报，2008，27（2）：180–
185.

［128］中国旅游研究院，携程.《2017 年中国出境旅游大数据报告》.http：//www.ctaweb.org/
html/2018-2/2018-2-26-11-57-78366.html

［129］丁建立，慈祥，黄剑雄.网络评论倾向性分析［J］.计算机应用，2010，30（11）：2937-
2940.

［130］刘逸，保继刚，陈凯琪.中国赴澳大利亚旅游者的情感特征研究——基于大数据的文本分析［J］.
旅游学刊，2017，32（5）：46-58.

［131］高铁梅.计量经济分析方法与建模：Eviews 应用及实例［M］.北京：清华大学出版社，
2006：250-301.

［132］李小玲，任星耀，郑煦.电子商务平台企业的卖家竞争管理与平台绩效——基于 VAR 模型的
动态分析［J］.南开管理评论，2014，17（5）：73-82.

［133］陈兴红，武春友，匡海波.基于 VAR 模型的绿色增长模式与企业成长互动关系研究［J］.科
研管理，2015，36（4）：154-160.

［134］姚广宜.新媒体环境下危机传播主体的多元化呈现［J］.当代传播，2017（3）：43-45.

［135］［美］史蒂芬·戈德史密斯，威廉·D.埃格斯.网络化治理：公共部门的新形态［M］.孙迎春，
译.北京：北京大学出版社，2008：6，159.

［136］贾哲敏.公众与政府网络传播 – 回应的过程、策略与动因［J］.山西大学学报：哲学社会科学
版，2016，23（5）：126-133.

［137］王健.危机传播中政府的舆论引导能力［J］.社会科学战线，2013，23（1）：177-181.

［138］林芹，郭东强.企业网络舆情传播的系统动力学仿真研究——基于传播主体特性［J］.情报科
学，2017，35（4）：57-63.

［139］陈先红，陈霓，刘丹丹.战略传播的世界观：一个多案例的实证研究［J］.新闻大学，2016（1）：
96-104.

［140］梁循，许媛，李志宇，等.社会网络背景下的企业舆情研究述评与展望［J］.管理学报，
2017，14（6）：925.

［141］祝效国，叶强，李一军.企业技术创新的采纳、扩散与内化机制研究综述［J］.信息系统学报，
2009，3（2）：66-76.

［142］史波.公共危机事件网络舆情内在演变机理研究［J］.情报杂志，2010，29（4）：41-45.

［143］王玲宁，陈昕卓.自媒体科学传播内容与媒体显著性之研究——以微信公众号"果壳网"为例［J］.
新闻大学，2017（5）：73-81，154.

［144］李凤翔，罗教讲.计算社会科学视角：媒体传播效果的计算机模拟研究［J］.学术论坛，
2018，41（4）：21-33.

［145］姜涛，胡春磊，薛文晞，刘牧媛.新媒体背景下媒体传播效果评估指标体系及方法论［J］.电

视研究，2019，36（9）：8–10.

［146］田维钢.媒体融合效果取决于内容生产［N］.光明日报，2019–10–21（02）.

［147］黄华新，马继伟.商业媒体信息推送策略的博弈分析［J］.自然辩证法研究，2019，35（3）：34–40.

［148］Woosnam, K. M., Shafer, C. S., Scott, D., & Timothy, D. J. Tourists perceived safety through emotional solidarity with residents in two mexico–united states border regions［J］. *Tourism Management*, 2015, 46（46）：263–273.

［149］Walters, G., Mair, J., & Lim, J. Sensationalist media reporting of disastrous events：implications for tourism［J］. *Journal of Hospitality & Tourism Management*, 2016, 28：3–10.

［150］Hanefors, M., Mossberg, L. TV travel shows：a pre–taste of the destination［J］.*Journal of Vacation Marketing*, 2002, 8（3）：235–246.

［151］Luo Q, Zhai X. "I will never go to Hong Kong again!" How the secondary crisis communication of "Occupy Central" on Weibo shifted to a tourism boycott［J］. *Tourism Management*, 2017, 38（10）：159–172.

［152］Griffin M A, Neal A. Perceptions of safety at work：a framework for linking safety climate to safety performance, knowledge, and motivation［J］. *Journal of occupational health psychology*, 2000, 5（3）：347–358.

［153］Neal, A, Griffin, M A. A study of the lagged relationships among safety climate, safety motivation, safety behavior, and accidents at the individual and group levels［J］. *Journal of Applied Psychology*, 2006, 91（4）：946–953.

［154］Drews W, Schemer C. eTourism for All? Online Travel Planning of Disabled People.［C］// Information & Communication Technologies in Tourism, Enter, International Conference in Lugano, Switzerland, February. DBLP, 2010：507–518.

［155］Sims C A. Macroeconomics and Reality［J］. Econometrica, 1980, 48（1）：1–48.

［156］Caballero–Anthony M. Non–traditional security challenges, regional governance, and the ASEAN political–security community（APSC）［J］. *Asia Security Initiative Policy Series*, Working Paper, 2010, 7：1–17.

［157］Srikanth D. Non–traditional security threats in the 21st century：A review［J］. *International Journal of Development and Conflict*, 2014, 4（1）：60–68.

［158］Zinn J O. Literature review：economics and risk［J］. *Social Contexts and Responses To Risk*, Working Paper, 2004（2）.

［159］Knight, F. H. Risk, Uncertainty and Profit［M］. Boston：Houghton Mifflin, 1921.

［160］Williams A M，Baláž V. Tourism risk and uncertainty：Theoretical reflections［J］. *Journal of Travel Research*，2015，54（3）：271–287.

［161］Lepp A，Gibson H. Tourist roles，perceived risk and international tourism［J］. *Annals of tourism research*，2003，30（3）：606–624.

［162］Taylor M，Perry D C. Diffusion of traditional and new media tactics in crisis communication［J］. *Public Relations Review*，2005，31（2）：209–217.

［163］Xiang Z，Gretzel U. Role of social media in online travel information search［J］. *Tourism Management*，2010，31（2）：179–188.

［164］Zeng B，Gerritsen R.What do we know about social media in tourism? a review［J］. *Tourism Management Perspectives*，2014，10（2）：27–36.

［165］Chomsky N. What makes mainstream media mainstream［J］. *Z magazine*，1997，10（10）：17–23.

［166］Gillmor D . We the Media：Grassroots Journalism By the People，For the People［M］. O Reilly Media，Inc. 2006.

［167］Willis C，Bowman S.We Media［M］.The Media center，2003.

［168］Spence，M. Job market signaling［J］. *Quarterly Journal of Economics*，1973，87（3）：355–374.

［169］Ozmel U，Reuer J J，Gulati R. Signals across multiple networks：How venture capital and alliance networks affect interorganizational collaboration［J］. *Academy of Management Journal*，2013，56（3）：852–866.

［170］Ramchander S，Schwebach R G，Staking K I M. The informational relevance of corporate social responsibility：Evidence from DS400 index reconstitutions［J］. *Strategic Management Journal*，2012，33（3）：303–314.

［171］Hall C M. Tourism and politics：policy，power and place［M］. John Wiley & Sons，1994.

［172］Tsai C H，Wu T，Wall G，et al. Perceptions of tourism impacts and community resilience to natural disasters［J］. *Tourism Geographies*，2016，18（2）：152–173.

［173］Bentley T A，Page S J，Laird I S. Safety in New Zealand s adventure tourism industry：the client accident experience of adventure tourism operators［J］. *Journal of Travel Medicine*，2000，7（5）：239–245.

［174］Wang Y S. The impact of crisis events and macroeconomic activity on Taiwan s international inbound tourism demand［J］. *Tourism Management*，2009，30（1）：75–82.

［175］Bowen，C.，Fidgeon，P.，& Page，S. J. Maritime tourism and terrorism：customer perceptions of the potential terrorist threat to cruise shipping [J] . *Current Issues in Tourism*, 2014, 17（7）：610–639.

[176] Seabra C, Dolnicar S, Abrantes J L, et al. Heterogeneity in risk and safety perceptions of international tourists [J] . *Tourism Management*, 2013, 36：502–510.

[177] Ritchie B W, Dorrell H, Miller D, et al. Crisis communication and recovery for the tourism industry：Lessons from the 2001 foot and mouth disease outbreak in the United Kingdom [J] . *Journal of Travel & Tourism Marketing*, 2004, 15（2–3）：199–216.

[178] Mikulić J, Sprčić D M, Holiček H, et al. Strategic crisis management in tourism：An application of integrated risk management principles to the Croatian tourism industry [J] . *Journal of destination marketing & management*, 2018, 7：36–38.

[179] Jiang Y, Ritchie B W. Disaster collaboration in tourism：Motives, impediments and success factors [J] . *Journal of Hospitality and Tourism Management*, 2017, 31：70–82.

[180] Mair J, Ritchie B W, Walters G. Towards a research agenda for post–disaster and post–crisis recovery strategies for tourist destinations：A narrative review [J] . *Current Issues in Tourism*, 2016, 19（1）：1–26.

[181] Beirman D. The integration of emergency management and tourism [J] . *Australian Journal of Emergency Management*, 2011, 26（3）：30–34.

[182] Page S, Song H, Wu D C. Assessing the impacts of the global economic crisis and swine flu on inbound tourism demand in the United Kingdom [J] . *Journal of Travel Research*, 2012, 51（2）：142–153.

[183] Ghaderi Z, Mat Som A P, Henderson J C. When disaster strikes：The Thai floods of 2011 and tourism industry response and resilience [J] . *Asia Pacific Journal of Tourism Research*, 2015, 20（4）：399–415.

[184] Liu B, Kim H, Pennington–Gray L. Responding to the bed bug crisis in social media [J] . *International Journal of Hospitality Management*, 2015, 47：76–84.

[185] Okuyama T. Analysis of optimal timing of tourism demand recovery policies from natural disaster using the contingent behavior method [J] . *Tourism Management*, 2018, 64：37–54.

[186] Mizrachi I, Fuchs G. Should we cancel? An examination of risk handling in travel social media before visiting ebola–free destinations [J] . *Journal of Hospitality and Tourism Management*, 2016, 28：59–65.

[187] Karl M, Winder G, Bauer A. Terrorism and tourism in Israel：Analysis of the temporal scale [J] . *Tourism Economics*, 2017, 23（6）：1343–1352.

［188］Milman A, Jones F, Bach S. The impact of security devices on tourists perceived safety: the Central Florida example ［J］. Journal of Hospitality and Tourism Research, 1999, 23: 371–386.

［189］Rittichainuwat B N, Chakraborty G. Perceived travel risks regarding terrorism and disease: The case of Thailand ［J］. *Tourism Management*, 2009, 30（3）: 410–418.

［190］Bradbury S L. The impact of security on travelers across the Canada–US border ［J］. *Journal of transport geography*, 2013, 26: 139–146.

［191］Cruz–Milán O, Simpson J J, Simpson P M, et al. Reassurance or reason for concern: Security forces as a crisis management strategy ［J］. *Tourism Management*, 2016, 56: 114–125.

［192］Feickert J, Verma R, Plaschka G, et al. Safeguarding your customers: The guest s view of hotel security ［J］. *Cornell Hotel and Restaurant Administration Quarterly*, 2006, 47（3）: 224–244.

［193］Rittichainuwat, B N.Tourists and tourism suppliers perceptions toward crisis management on tsunami ［J］. Tourism Management, 2013, 34: 112–121.

［194］Harrigan P, Evers U, Miles M, et al. Customer engagement with tourism social media brands ［J］. *Tourism management*, 2017, 59（4）: 597–609.

［195］Filieri R, Alguezaui S, McLeay F. Why do travelers trust TripAdvisor? Antecedents of trust towards consumer–generated media and its influence on recommendation adoption and word of mouth ［J］. *Tourism Management*, 2015, 51: 174–185.

［196］Kotha R, Crama P, Kim P H. Experience and signaling value in technology licensing contract payment structures ［J］. *Academy of Management Journal*, 2018, 61（4）: 1307–1342.

［197］Gomulya D, Boeker W. How firms respond to financial restatement: CEO successors and external reactions ［J］. *Academy of Management Journal*, 2014, 57（6）: 1759–1785.

［198］Toggerson S K. Media coverage and information–seeking behavior ［J］. *Journalism Quarterly*, 1981, 58（1）: 89–93.

［199］Jones T E, Yamamoto K. Segment–based monitoring of domestic and international climbers at Mount Fuji: Targeted risk reduction strategies for existing and emerging visitor segments ［J］. *Journal of outdoor recreation and tourism*, 2016, 13: 10–17.

［200］Clarke S, Ward K. The role of leader influence tactics and safety climate in engaging employees safety participation ［J］. Risk analysis, 2006, 26（5）: 1175–1185.

［201］Ellis A. The revised ABC s of rational–emotive therapy（RET）［J］. *Journal of Rational-Emotive and Cognitive-Behavior Therapy*, 1991, 9（3）: 139–172.

［202］Meichenbaum D. Cognitive behavior modification: The need for a fairer assessment ［J］. *Cognitive Therapy & Research*, 1979, 3（2）: 127–132.

［203］Ledwidge B. Cognitive behavior modification: A rejoinder to Locke and to Meichenbaum ［J］. *Cognitive Therapy & Research*, 1979, 3（2）: 133–139.

［204］Stern I, James S D. Whom are you promoting? Positive voluntary public disclosures and executive turnover ［J］. *Strategic Management Journal*, 2016, 37（7）: 1413–1430.

［205］Chiu H H, Chen C M. Advertising, price and hotel service quality: a signalling perspective ［J］. *Tourism Economics*, 2014, 20（5）: 1013–1025.

［206］McCombs M E, Shaw D L. The agenda-setting function of mass media ［J］. *Public opinion quarterly*, 1972, 36（2）: 176–187.

［207］Goffman E. Frame Analysis: An Essay on the Organization of Experience ［J］. Contemporary Sociology, 1979, 4（6）: 1093–1094.

［208］Druckman J N. The implications of framing effects for citizen competence ［J］. Political behavior, 2001, 23（3）: 225–256.

［209］Rittichainuwat B N. Tourists perceived risks toward overt safety measures ［J］. *Journal of Hospitality & Tourism Research*, 2013, 37（2）: 199–216.

［210］George R. Tourists fear of crime while on holiday in Cape Town ［J］. *Crime prevention and community safety*, 2003, 5（1）: 13–25.

［211］Laws E, Prideaux B. Crisis Management: A Suggested Typology ［J］. *Journal of Travel & Tourism Marketing*, 2005, 19（2–3）: 1–8.

［212］Sönmez S F. Tourism, terrorism, and political instability ［J］. *Annals of tourism research*, 1998, 25（2）: 416–456.

［213］UNWTO. Crisis Guidelines for the Tourism Industry ［Z］.2003.

［214］Cahyanto I, Pennington-Gray L, Thapa B, et al. An empirical evaluation of the determinants of tourist s hurricane evacuation decision making ［J］. *Journal of Destination Marketing & Management*, 2014, 2（4）: 253–265.

［215］Faulkner B. Towards a framework for tourism disaster management ［J］. *Tourism Management*, 2001, 22（2）: 135–147.

［216］Tsai C H, Chen C W. The establishment of a rapid natural disaster risk assessment model for the tourism industry ［J］. *Tourism Management*, 2011, 32（1）: 158–171.

［217］Goodrich J N. September 11, 2001 Attack on America: A Record of the Immediate Impacts and Reactions in the USA Travel and Tourism Industry ［J］. *Tourism Management*, 2002, 23（6）: 573–580.

［218］Kozak M, Crotts J C, Law R. The Impact of the Perception of Risk on International

Travellers［J］. *International Journal of Tourism Research*，2007，9（4）：233–242.

［219］Sonmez S F，Graefe A R . Determining Future Travel Behavior from Past Travel Experience and Perceptions of Risk and Safety［J］. *Journal of Travel Research*，1998，37（2）：171–177.

［220］George R. Tourist s perceptions of safety and security while visiting Cape Town［J］. *Tourism Management*，2003，24（5）：575–85.

［221］Nguyen L，Thanh–Lam N. Sustainable Development of Rural Tourism in An Giang Province，Vietnam［J］. *Sustainability*，2018，10（4）：953–973.

［222］Cheng J W，Mitomo H，Otsuka T，et al. Cultivation effects of mass and social media on perceptions and behavioural intentions in post–disaster recovery–The case of the 2011 Great East Japan Earthquake［J］. *Telematics and Informatics*，2016，33（3）：753–772.

［223］Avraham E，Ketter E. Media strategies for marketing places in crisis：Improving the image of cities，countries，and tourist destinations［M］. Routledge，2008.

［224］Fowler D C，Lauderdale M K，Goh B K，& Yuan，J J. Safety concerns of international shoppers in Las Vegas［J］.*International Journal of Culture*，*Tourism and Hospitality Research*，2012，6（3）：238–249.

［225］George R，Mawby R I. Security at the 2012 London Olympics：Spectators perceptions of London as a safe city［J］. *Security Journal*，2015，28（1）：93–104.

［226］Kapuściński G，Richards B. News framing effects on destination risk perception［J］. Tourism Management，2016，57：234–244.

［227］Derks D，Fischer A H，Bos A E R. The role of emotion in computer–mediated communication：A review［J］. *Computers in human behavior*，2008，24（3）：766–785.

［228］Newaz M T，Davis P，Jefferies M，et al. The psychological contract：A missing link between safety climate and safety behaviour on construction sites［J］. *Safety Science*，2019，112：9–17.

［229］Smith T D，DeJoy D M，Dyal M A，et al. Multi–level safety climate associations with safety behaviors in the fire service［J］. *Journal of Safety Research*，2019，69：53–60.

［230］Ji M，Liu B，Li H，et al. The effects of safety attitude and safety climate on flight attendants proactive personality with regard to safety behaviors［J］. *Journal of Air Transport Management*，2019，78：80–86.

［231］Podsakoff P M，MacKenzie S B，Paine J B，et al. Organizational citizenship behaviors：A critical review of the theoretical and empirical literature and suggestions for future research［J］. *Journal of management*，2000，26（3）：513–563.

［232］Fugas C S，Silva S A，Meliá J L. Another look at safety climate and safety behavior：Deepening the cognitive and social mediator mechanisms [J]. *Accident Analysis & Prevention*, 2012, 45: 468–477.

[233] Curcuruto M, Conchie S M, Mariani M G, et al. The role of prosocial and proactive safety behaviors in predicting safety performance [J]. *Safety science*, 2015, 80: 317–323.

[234] Handler, Isabell. The impact of the Fukushima disaster on Japan\" s travel image: An exploratory study on Taiwanese travellers [J]. *Journal of Hospitality and Tourism Management*, 2016, 27: 12–17.

[235] Chen C F, Chen S C. Investigating the effects of job demands and job resources on cabin crew safety behaviors [J]. *Tourism Management*, 2014, 41: 45–52.

[236] Bronkhorst B, Tummers L, Steijn B. Improving safety climate and behavior through a multifaceted intervention: Results from a field experiment [J]. *Safety science*, 2018, 103: 293–304.

[237] White N R, White P B. Home and away: Tourists in a connected world [J]. *Annals of Tourism Research*, 2007, 34 (1): 88–104.

[238] Liu A, Pratt S. Tourism s vulnerability and resilience to terrorism [J]. *Tourism Management*, 2017, 60: 404–417.

[239] An M, Lee C, Noh Y. Risk factors at the travel destination: their impact on air travel satisfaction and repurchase intention [J]. *Service Business*, 2010, 4 (2): 155–166.

[240] Enz C A, Taylor M S. The safety and security of US hotels a post–September–11 report [J]. *Cornell Hotel and Restaurant Administration Quarterly*, 2002, 43 (5): 119–136.

[241] Groenenboom K, Jones P. Issues of security in hotels. *International Journal of Contemporary Hospitality*, 2003, 15 (1): 14–19.

[242] Enz C A. The physical safety and security features of US hotels [J]. *Cornell Hospitality Quarterly*, 2009, 50 (4): 553–560.

[243] Rittichainuwat, B N. Tourists perceived risks toward overt safety measures [J]. Journal of Hospitality & Tourism Research, 2013, 37 (2): 199–216.

[244] McCombs M, Llamas J P, Lopez–Escobar E, et al. Candidate images in Spanish elections: Second–level agenda–setting effects [J]. *Journalism & Mass Communication Quarterly*, 1997, 74 (4): 703–717.

[245] Entman R M. Projections of power: Framing news, public opinion, and US foreign policy [M]. University of Chicago Press, 2004.

[246] Kuttschreuter M, Gutteling J M, de Hond M. Framing and tone–of–voice of disaster media coverage: The aftermath of the Enschede fireworks disaster in the Netherlands [J]. *Health, Risk*

& Society, 2011, 13 (3): 201-220.

[247] Pan Z, Kosicki G M. Framing analysis: An approach to news discourse [J]. *Political communication*, 1993, 10 (1): 55-75.

[248] De Vreese C H. News framing: Theory and typology [J]. *Information design journal & document design*, 2005, 13 (1): 51-62.

[249] Schweinsberg S, Darcy S, Cheng M. The agenda setting power of news media in framing the future role of tourism in protected areas [J]. *Tourism Management*, 2017, 62: 241-252.

[250] Lash S, Urry J. The end of organized capitalism [M]. Univ of Wisconsin Press, 1987.

[251] Uriely N. The tourist experience: Conceptual developments [J]. *Annals of Tourism research*, 2005, 32 (1): 199-216.

[252] Wolf I D, Stricker H K, Hagenloh G. Interpretive media that attract park visitors and enhance their experiences: A comparison of modern and traditional tools using GPS tracking and GIS technology [J]. *Tourism Management Perspectives*, 2013, 7: 59-72.

[253] Lash S, Urry J. Economies of signs and space [M]. Sage Publications, 1994.

[254] Rowe G, Frewer L, Sjoberg L. Newspaper reporting of hazards in the UK and Sweden [J]. *Public understanding of science*, 2000, 9 (1): 59-78.

[255] Clarke S. The effect of challenge and hindrance stressors on safety behavior and safety outcomes: A meta-analysis [J]. *Journal of occupational health psychology*, 2012, 17 (4): 387-397.

[256] Dov Z. Safety climate and beyond: A multi-level multi-climate framework [J]. *Safety science*, 2008, 46 (3): 376-387.

[257] McCluskey J J, Kalaitzandonakes N, Swinnen J. Media coverage, public perceptions, and consumer behavior: Insights from new food technologies [J]. *Annual Review of Resource Economics*, 2016, 8 (1): 467-486.

[258] Wu C H, Lin C J.The impact of media coverage on investor trading behavior and stock returns [J]. *Pacific-Basin Finance Journal*, 2017, 43.

[259] Brewer, B. Experience and reason in perception [J].*Royal Institute of Philosophy Supplement*, 1998, 43: 203-227.

[260] Ajzen I. From intentions to actions: A theory of planned behavior [M] //Action control. Springer, Berlin, Heidelberg, 1985: 11-39.

[261] Sönmez S, Sirakaya E. A Distorted Destination Image? The Case of Turkey [J].*Journal of Travel Research*, 2002, 41 (2): 185-196.

[262] Liu B, Pennington-Gray L, Krieger J. Tourism crisis management: Can the Extended Parallel

Process Model be used to understand crisis responses in the cruise industry? [J] . *Tourism Management*, 2016, 55: 310–321.

[263] Anderson, N H. A functional theory of cognition [M] . New York, NY: Psychology Press. 2014.

[264] Garofalo J. Victimization and the Fear of Crime. [J] . *Journal of research in crime and delinquency*, 1979, 16 (1) : 80–97.

[265] Kim, W. G., & Park, S. A. Social media review rating versus traditional customer satisfaction: Which one has more incremental predictive power in explaining hotel performance? [J] . *International Journal of Contemporary Hospitality Management*, 2017, 29 (2) : 784–802.

[266] George R. Visitor perceptions of crime–safety and attitudes towards risk: The case of Table Mountain National Park, Cape Town [J] . Tourism Management, 2010, 31: 806–815.

[267] Hayes, A. F. Introduction to mediation, moderation, and conditional process analysis: a regression–based approach [J] . *Journal of Educational Measurement*, 2013, 51 (3) : 335–337.

[268] Hair J F, Black W C, Babin B J, Anderson R E. Multivariate data analysis (7th ed.) [M] . Upper Saddle River, NJ: Prentice Hall, 2010.

[269] Hajibaba H, Gretzel U, Leisch F, et al. Crisis–resistant tourists [J] . *Annals of Tourism Research*, 2015, 53 (7) : 46–60.

[270] Ivanov B, Dillingham L L, Parker K A, et al. Sustainable attitudes: Protecting tourism with inoculation messages [J] . *Annals of Tourism Research*, 2018, 73 (6) : 26–34.

[271] Chomsky N. What makes mainstream media mainstream [J] . *Z magazine*, 1997, 10 (10) : 17–23.

[272] Chalkiti K, Sigala M. Information sharing and knowledge creation in online forums: The case of the Greek online forum 'DIALOGOI [J] . *Current Issues in Tourism*, 2008, 11 (5) : 381–406.

[273] Zimbardo P G, Leippe M R. The psychology of attitude change and social influence [M] . Mcgraw–Hill Book Company, 1991.

[274] Park R E, Burgess E W. Introduction to the Science of Sociology [M] .Chicago: University of Chicago Press, 1921: 865.

[275] Hilverda F, Kuttschreuter M. Online information sharing about risks: the case of organic food [J] . *Risk analysis*, 2018, 38 (9) : 1904–1920.

[276] Harris R B, Paradice D. An investigation of the computer–mediated communication of emotions [J] . *Journal of Applied Sciences Research*, 2007, 3 (12) : 2081–2090.

［277］Harrison，D W. Arousal Theory［M］. Brain Asymmetry and Neural Systems，2015：427–435.

［278］Groeppel–Klein A. Arousal and consumer in–store behavior［J］. *Brain research bulletin*，2005，67（5）：428–437.

［279］Berger J.Arousal increases social transmission of information［J］. Psychological science，2011，22（7）：891–893.

［280］Berger J，Milkman K L. What makes online content viral?［J］. Journal of marketing research，2012，49（2）：192–205.

［281］Neviarouskaya A，Prendinger H，Ishizuka M. SentiFul：A lexicon for sentiment analysis［J］. *IEEE Transactions on Affective Computing*，2011，2（1）：22–36.

后　记

中国的旅游安全研究经历了20余年的发展，已经呈现出日益丰富的成果，也逐渐受到学界和产业界的共同关注。旅游安全是旅游产业发展的重要基础，提升旅游产业的安全治理水平、建设平安稳定的旅游环境，既是国家总体安全战略下的具体任务需求，也是推动旅游业实现优质内涵式发展的基本前提。

值得我们关注的是，旅游安全传播是我国预防性安全治理的关键环节，但其在理论和实践视域下并尚未受到足够的重视。旅游安全传播是政府、企业、第三方机构等利益相关主体基于媒体渠道、面向旅游者开展的旅游安全信息传递活动，它服务于旅游安全形象宣传、行为引导、危机处置、市场恢复等广泛的治理目标。在互联网和新媒体技术高速发展的背景下，旅游安全传播面临着全新的挑战。因此，深入研究旅游安全传播与旅游者行为响应机制是兼具理论性和实践性的重要议题。

感谢我的博士生导师张凌云教授！张老师给予我学术上足够的宽容与支持！张老师治学严谨，其深厚的学术功底、独到的学术见解常常激起我们新的想法和灵感。张老师在异地的工作特别多，也常常工作到深夜，但总不忘记回复同门在专业上的咨询请教。这种忘我和敬业的工作作风一直感染着我和我的同门同学，激励着我们在学术的道路上不断前行。

感谢郑向敏教授对我的引领和指导。郑老师是我硕士期间的导师，对我的博士学习也非常关心。将旅游安全传播作为博士论文选题方向，得到了郑老师的热情鼓励、指导和帮助。

本书是在我博士论文的基础上修改而成，原稿于2018年开始创作，成于2020年年初，并于2020年年底对文稿进行了部分修订，最终形成了本书稿。在本书写作过程中，导师张凌云教授给予了全程的指导和帮助。作为中期成果，作者已将部分立论思想刊发于《南开管理评论》等学术期刊上。

在博士研究生就读期间，中国旅游研究院院长戴斌教授、美国俄克拉荷马州立大学苗莉教授、英国杜伦大学林志斌副教授等国内外著名的专家学者先后给我们授课，也给我的博士论文选题与写作提出了极富建设性的意见，感谢他们无私的帮助！

感谢安徽师范大学陆林教授、海南大学谢彦君教授、南京大学张捷教授、南开大学李辉教授、暨南大学王华教授等老师，他们的讲座极具前瞻性和思想性，他们对学术的严谨态度深深地感染了我！

感谢华侨大学旅游学院的黄远水教授、黄安民教授、李勇泉教授、侯志强教授、李洪波教授、赖宝君老师，感谢所有给予我帮助的老师们！感谢同学黄倩、杨钦钦、吴仁献、纪晓曦、李昊博士在博士研究生就读期间给予我的鼓励和支持！

感谢我的家人，感谢所有关心、帮助和支持过我的师长、同事、学友！

陈岩英

2020 年 10 月于厦门